员工岗位手册系列

铣 工

岗位手册

北京京城机电控股有限责任公司工会 编

主 编 赵 莹
副主编 王京平
参 编 尚建伟

U0305045

机 械 工 业 出 版 社

本手册是铣工岗位必备的工具书，内容依据国家最新的职业技能标准编写，涵盖了铣工岗位必需的基本知识和技能，以及掌握这些知识和技能必备的基础数据资料。主要内容包括铣工的职业道德与岗位规范；铣削加工的基本知识；铣削原理、铣刀及其材料、铣削用量；测量的基础知识和常用量具；铣床的结构、操作、维护保养和加工精度；铣床用夹具；典型工件的铣削方法；铣削加工工艺规程的制定及案例；铣削的典型案例（铣球面、椭圆孔、大圆弧面、复合斜面、长齿条）；铣削的特殊案例（箱体加工）。书末还附有铣工国家职业技能标准。

本手册具有工具性、实用性、资料性、简捷便查的特点。书中引用的标准均采用了最新国家标准和行业标准。

本手册非常适合铣工岗位学习和培训使用，对现场的有关工程技术人员了解铣工岗位知识、指导铣工工作有着重要的参考价值。同时也是职业院校机械加工专业师生必备的参考书。

图书在版编目（CIP）数据

铣工岗位手册/赵莹主编；北京京城机电控股有限责任公司工会编. —北京：机械工业出版社，2012.5
（员工岗位手册系列）
ISBN 978-7-111-38285-0

Ⅰ.①铣… Ⅱ.①赵…②北… Ⅲ.①铣削－技术手册 Ⅳ.①TG54－62

中国版本图书馆 CIP 数据核字（2012）第 090890 号

机械工业出版社（北京市百万庄大街22号 邮政编码100037）
策划编辑：何月秋 责任编辑：何月秋 章承林
版式设计：霍永明 责任校对：陈延翔
封面设计：马精明 责任印制：杨 曦
保定市中画美凯印刷有限公司印刷
2012 年 7 月第 1 版第 1 次印刷
169mm×239mm · 17.5 印张 · 349 千字
0001—4000 册
标准书号：ISBN 978-7-111-38285-0
定价：39.00元

凡购本书，如有缺页、倒页、脱页，由本社发行部调换
电话服务   策划编辑（010）88379732
社服务中心：(010) 88361066   网络服务
销售一部：(010) 68326294   门户网：http://www.cmpbook.com
销售二部：(010) 88379649   教材网：http://www.cmpedu.com
读者购书热线：(010) 88379203   **封面无防伪标均为盗版**

《员工岗位手册系列》编委会名单

主　任　赵　莹

编　委（按姓氏笔画排序）

于　丽	马　军	方咏梅	王　谦	王兆华	王克俭
王连升	王京选	王博全	石仲洋	全静华	刘运祥
刘海波	孙玉荣	孙亚萍	阮爱华	吴玉琪	吴伯新
吴振江	张　健	张　维	张文杰	张玉龙	张红秀
李　英	李俊杰	李笑声	底建勋	林乐强	武建军
宣树清	赵晓军	夏中华	徐文秀	徐立功	聂晓溪
钱　方	高丽华	常胜武	韩　湧	廉　红	薛俊明

序

当前我国正面临千载难逢的战略机遇期，同时，国际金融危机、欧债危机等诸多不稳定因素也将对我国经济发展产生不利影响。在严峻考验面前，创新能力强、结构调整快、职工素质高的企业才能展示出勃勃生机。事实证明：在"做强二产"，实现高端制造的跨越发展中，除了自主创新，提高核心竞争力外，还必须拥有一支高素质的职工队伍，这是现代企业生存发展的必然要求。我国已进入"十二五"时期，转方式、调结构，在由"中国制造"向"中国创造"转变的关键期和提升期，重要环节就是培育一批具有核心竞争力和持续创新能力的创新型企业，造就数以千万的技术创新人才和高素质职工队伍，这是企业在经济增长中谋求地位的战略选择；是深入贯彻科学发展观，加快职工队伍知识化进程，保持工人阶级先进性的重大举措；也是实施科教兴国战略，建设人才战略强国的重要任务。

《2002年中国工会维权蓝皮书》中有段话："有一个组织叫工会，在任何主角们需要的时候和地方，他们永远是奋不顾身地跑龙套，起承转合，唱念做打……为职工而生，为维权而立。"北京京城机电控股有限责任公司工会从全面落实《北京"十二五"时期职工发展规划》入手，从关注企业和职工共同发展做起，组织编撰完成了涵盖30个职业的《员工岗位手册系列》，很好地诠释了这句话。此套丛书是工会组织发动企业工程技术人员、一线生产技师、职业教师和工会工作者共同参与编著而成的，注重了技术层面的维度和深度，体现了企业特色工艺，涵盖了较强的专业理论知识，具有作业指导书、学习参考书以及专业工具书的特性，是一套独特的技能人才必备的"百科全书"。全书力求实现企业工会让广大职工体验"一书在手，工作无忧"以及好书助推成长的深层次服务。

我们希望，机电行业的每名职工都能够通过《员工岗位手册系列》的帮助，学习新知识，掌握新技术，成为本岗位的行家能手，为"十二五"发展战略目标彰显工人阶级的英雄风采！

中共北京市委常委，市人大常委会副主任、
党组副书记，市总工会主席

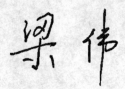

前　言

　　为加快我国装备制造业从大国迈向强国的进程，尽快使企业员工的岗位操作不断地规范化和标准化，提高企业员工的职业素质和技术水平，激励他们岗位创新、岗位成才，为我国装备制造业培养一大批优秀的技能岗位人才，我们依据国家和行业最新的技能标准，根据企业对员工的岗位要求编写了这本手册。

　　该手册内容涵盖铣工岗位员工所必需的应知基本知识和应会基本技能，以及掌握这些知识和技能必备的基础数据资料。使铣工岗位工人拿到这本手册能够按照岗位的安全规范和操作守则，运用岗位知识和技能，使用本岗位的设备和工具，规范化地完成本岗位的工作，生产出合格的产品。具体内容有：铣工的职业道德与岗位规范；铣削加工的基本知识；铣削原理、铣刀及其材料、铣削用量；测量的基础知识和常用量具；铣床的结构、操作、维护保养和加工精度；铣床用夹具；典型工件的铣削方法；铣削加工工艺规程的制定及案例；铣削的典型案例（铣球面、椭圆孔、大圆弧面、复合斜面、长齿条）；铣削的特殊案例（箱体加工）。书末还附有铣工国家职业技能标准。

　　该手册实用、简单、易学易查，是铣工岗位工人的一本在岗必备工具书。

　　该手册由赵莹任主编，王京平任副主编，尚建伟参加了本书的编写工作。

　　该手册在编写过程中参考了有关专家的资料，在此深表谢意。由于工作量大，时间紧迫，加之能力和学识有限，同时企业人员编写此类书籍尚无经验，书中难免出现错误，敬请读者批评指正。

编　者

目 录

第一篇 职业道德与岗位规范

第一章

职业道德

一、职业道德的基本概念

职业道德是规范约束从业人员职业活动的行为准则。加强职业道德建设是推动社会主义物质文明和精神文明建设的需要，是促进行业、企业生存和发展的需要，也是提高从业人员素质的需要。掌握职业道德基本知识，树立职业道德观念是对每一个从业人员最基本的要求。

1. 道德与职业道德

道德，就是一定社会、一定阶级向人们提出的处理人和人之间、个人与社会、个人与自然之间各种关系的一种特殊的行为规范。道德是做人的根本。道德是一个庞大的体系，而职业道德是这个体系中一个重要部分，它是社会分工发展到一定阶段的产物。所谓职业道德，它是指从事一定职业劳动的人们，在特定的工作和劳动中以其内心信念和特殊社会手段来维持的，以善恶进行评价的心理意识、行为原则和行为规范的总和，它是人们在从事职业的过程中形成的一种内在的、非强制性的约束机制。职业道德的内容包括：职业道德意识、职业道德行为规范和职业守则等。职业道德是社会道德在职业行为和职业关系中的具体体现，是整个社会道德生活的重要组成部分。

2. 职业道德的特征

职业道德的特征有三个方面：一是范围上的局限性。任何职业道德的适应范围都不是普遍的，而是特定的、有限的。一方面，他主要适用于走上社会岗位的成年人；另一方面尽管职业道德也有一些共同性的要求，但某一特定行业的职业道德也只适用于专门从事本职业的人。二是内容上的稳定性和连续性。由于职业分工有其相对的稳定性，与其相适应的职业道德也就有较强的稳定性和连续性。三是形式上的多样性，因行业而异。一般来说，有多少种不同的行业，就有多少种不同的职业道德。

二、职业道德的社会作用

1. 职业道德与企业的发展

（1）职业道德是企业文化的重要组成部分　职工是企业的主体，企业文化必须以企业职工为中介，借助职工的生产、经营和服务行为来实现。

（2）职业道德是增强企业凝聚力的手段　职业道德是协调职工同事之间、职工与领导之间以及职工与企业之间关系的法宝。

（3）职业道德可以提高企业的竞争力　职业道德有利于企业提高产品和服务的质量；可以降低产品成本、提高劳动生产率和经济效益；有利于企业的技术进步；有利于企业摆脱困难，实现企业阶段性的发展目标；有利于企业树立良好形象、创造企业著名品牌。

2. 职业道德与人自身的发展

（1）职业道德是事业成功的保证　没有职业道德的人干不好任何工作，每一个成功的人往往都有较高的职业道德。

（2）职业道德是人格的一面镜子　人的职业道德品质反映着人的整体道德素质，职业道德的提高有利于人的思想道德素质的全面提高，提高职业道德水平是人格升华最重要的途径。

三、社会主义职业道德

职业道德是社会主义道德体系的重要组成部分。由于每个职业都与国家、人民的利益密切相关，每个工作岗位、每一次职业行为，都包含着如何处理个人与集体、个人与国家利益的关系问题。因此，职业道德是社会主义道德体系的重要组成部分。

职业道德的实质内容是树立全新的社会主义劳动态度。职业道德的实质就是在社会主义市场经济条件下，约束从业人员的行为，鼓励其通过诚实的劳动，在改善自己生活的同时，增加社会财富，促进国家建设。劳动是个人谋生的手段，也是为社会服务的途径。劳动的双重含义决定了从业人员全新的劳动态度有职业道德观念。社会主义职业道德的基本规范如下：

1. 爱岗敬业，忠于职守

任何一种道德都是从一定的社会责任出发，在个人履行对社会责任的过程中，培养相应的社会责任感，从长期的良好行为和规范中建立起个人的道德。因此，职业道德首先要从爱岗敬业、忠于职守的职业行为规范开始。

爱岗敬业是对从业人员工作态度的首要要求。爱岗就是热爱自己的工作岗位，热爱本职工作。敬业就是以一种严肃认真的态度对待工作，工作勤奋努力，精益求精，尽心尽力，尽职尽责。

爱岗与敬业是紧密相连的，不爱岗很难做到敬业，不敬业更谈不上爱岗。如果工作不认真，能混就混，爱岗就会成为一句空话。只有工作责任心强，不辞辛苦，不怕麻烦，精益求精，才是真正的爱岗敬业。

忠于职守，就是要求把自己职业范围内的工作做好，达到工作质量标准和规范要求。如果从业人员都能够做到爱岗敬业、忠于职守，就会有力地促进企业与社会的进步和发展。

2. 诚实守信，办事公道

诚实守信、办事公道是做人的基本道德品质，也是职业道德的基本要求。诚实就是人在社会交往中不讲假话，能够忠于事物的本来面目，不歪曲、篡改事实，不隐瞒自己的观点，不掩饰自己的情感，光明磊落，表里如一。守信就是信守诺言，讲信誉、重信用，忠实履行自己应承担的义务。办事公道是指在利益关系中，正确处理好国家、企业、个人及他人的利益关系，不徇私情，不谋私利。在工作中要处理好企业和个人的利益关系，做到个人服从集体，保证个人利益和集体利益相统一。

信誉是企业在市场经济中赖以生存的重要依据，而良好的产品质量和服务是建立企业信誉的基础。企业的从业人员必须在职业活动中以诚实守信、办事公道的职业态度，为社会创造和提供质量过硬的产品和服务。

3. 遵纪守法，廉洁奉公

任何社会的发展都需要有力的法律、规章制度来维护社会各项活动的正常运行。法律、法规、政策和各种组织制定的规章制度，都是按照事物发展规律制定出来的，用于约束人们的行为规范。从业人员，除了遵守国家的法律、法规和政策外，还要自觉遵守与职业活动行为有关的制度和纪律。如劳动纪律、安全操作规程、操作程序、工艺文件等，才能很好地履行岗位职责，完成本职工作任务。廉洁奉公强调的是，要求从业人员公私分明，不损害国家和集体的利益，不利用岗位职权牟取私利。遵纪守法、廉洁奉公，是每个从业人员都应该具备的道德品质。

4. 服务群众，奉献社会

服务群众就是为人民服务。一个从业人员既是别人服务的对象，也是为别人服务的主体。每个人都承担着为他人做出职业服务的职责，要做到服务群众就要做到心中有群众、尊重群众、真心对待群众，做什么事都要想到方便群众。

奉献社会是职业道德中的最高境界，同时也是做人的最高境界。奉献社会就是不计个人名利得失，一心为社会做贡献，是指一种融在一件件具体事情中的高尚人格，就是为社会服务，为他人服务，全心全意为人民服务。从业人员达到了一心为社会做奉献的境界，就与为人民服务的宗旨相吻合了，就必定能做好自己的本职工作。

四、职业守则

1）遵守国家法律、法规和有关规定。

2）具有高度的责任心，爱岗敬业、团结合作。

3）严格执行相关标准、工作程序与规范、工艺文件和安全操作规程。

4）学习新知识新技能，勇于开拓和创新。

5）爱护设备、系统及工具、夹具、量具。

6）着装整洁，符合规定；保持工作环境清洁有序，文明生产。

第二章
铣工岗位规范

一、铣工概述

1. 铣工的定义

金属切削加工是一种用硬度高于工件材料的工具，从工件表面层切去多余的金属，使工件获得设计要求的几何形状、尺寸精度和表面质量的零件加工过程。

切削加工主要分为两大部分：一部分是钳工加工，另一部分是机械加工。

机械加工是工人操作机床，对工件进行切削加工，例如车削、铣削、刨削等。

铣工就是操作铣床进行工件铣削加工的人员。

2. 职业能力特征

铣工应具有一定的学习能力和较强的计算能力，以及一定的空间感和形体知觉，手指、手臂灵活，动作协调。

3. 岗位描述

从事铣床操作、安装、调试、维护保养等工作的知识技能型实用人员，应达到以下要求：掌握铣工国家标准相应等级所必需的技术基础和专业理论，能够熟练运用专业技能完成相应工作，根据相应等级要求能够独立处理、解决技术或工艺难题，具有一定的创新能力和组织管理能力，并能指导低等级工进行生产。

二、铣工岗位守则

1. 铣工职业守则

1）遵守法律、法规和有关规定。

2）爱岗敬业，具有高度的责任心。

3）严格执行工作程序、工作规范、工艺文件和安全操作规程。

4）工作认真负责，团结合作。

5）爱护设备及工具、夹具、刀具、量具。

6）着装整洁，符合规定；保持工作环境清洁有序，文明生产。

2. 铣床设备操作须知

1）设备的操作人员应遵守下列规定，对铣床进行操作维护：

① 应掌握"三好"、"四会"基本功要求，遵守操作"五项纪律"。

② 应熟悉所操作设备的性能、结构原理和操作要领。要做到：操作熟练，维护精心，不超规范、不超负荷使用设备。

2）执行"设备谁使用谁维护"的原则。严格做到：

① 工作前：空运转检查机床，并按润滑图表的规定加油。

② 工作中：遵守操作维护规程，正确操作，不许离开岗位。

③ 工作后：认真清理擦拭，经常保持设备内外清洁（达到设备维护"四项要求"）。

3）凭证操作设备。操作工人在独立操作设备前，必须经过设备性能结构原理、安全操作、维护要求等方面的技术教育和实际操作基本功的培训，经考试（考核）合格取得设备操作证后，方可独立操作。

4）操作者应负责保管好自己使用的机床和附件，未经领导同意，不准他人使用。

5）多人操作的设备应实行机台长制，由机台长负责和协调设备的使用和维护。

6）设备操作证应妥善保管，不得丢失，不准涂改、撕毁、转借。调动工作时应将操作证交回签发部门。

7）改变或更换操作设备机型时，需要新培训考试，签发操作证。

8）操作者必须执行设备交接班制度，每日班后应认真填写交接班记录和设备运转情况记录。

9）发生事故应立即停车切断电源，保护现场并逐级报告，不得自己处理。

3. "三好"、"四会"、"五项纪律"和"四项要求"的基本内容

（1）三好

① 管好设备。操作者应负责保管好自己使用的设备，未经领导同意，不准他人操作使用。

② 用好设备。严格贯彻操作规程，不超负荷使用设备。禁止不文明操作。

③ 修好设备。设备操作工人要配合维修工人修理设备，及时排除设备故障，按计划交修设备。

（2）四会

① 会使用。操作者应先学习设备操作维护规程，熟悉性能、结构、传动原理，弄懂加工工艺和工装刀具，正确使用设备。

② 会维护。学习和执行设备维护、润滑规定，上班加油，下班清扫，经常保持设备内外清洁、完好。

③ 会检查。了解自己所用设备的结构、性能及易损零件部位，熟悉日常点检、

完好检查的项目、标准和方法，并能按规定要求进行日常点检。

④ 会排除故障。熟悉所用设备特点，懂得拆装注意事项及鉴别设备正常与异常，会作一般的调整和简单故障的排除。自己不能解决的问题要及时报告，并协同维修人员进行排除。

（3）五项纪律

① 实行定人定机。凭操作证使用设备，遵守安全操作规程。

② 经常保持设备整洁，按规定加油，保证合理润滑。

③ 遵守交接班制度。

④ 管好工具、附件，不得遗失。

⑤ 发现异常立即停车检查，自己不能处理的问题应及时通知有关人员检查处理。

（4）四项要求

① 整齐。工具、工件、附件放置整齐，设备零部件及安全防护装置齐全，线路、管道完整。

② 清洁。设备内外清洁，无黄袍；各滑动面、丝杠、齿条等无黑油污，无碰伤；各部位不漏油、不漏水、不漏气、不漏电；切削垃圾清扫干净。

③ 润滑。按时加油、换油，油质符合要求，油壶、油枪、油杯、油嘴齐全，油毡、油线清洁，油标明亮，油路畅通。

④ 安全。实行定人定机和交接班制度；熟悉设备结构，遵守操作维护规程，合理使用，精心维护，检测异状，不出事故。

4. 铣床安全操作规范守则

1）操作者在独立操作设备前，必须经过设备性能、结构原理、安全操作、维护要求等方面的技术教育和实际操作基本功的培训，经考试（考核）合格取得设备操作证后，方可独立操作。

2）操作者必须严格贯彻操作规程，保管好自己使用的设备，每班前必须对设备及物品进行严格认真的检查，合理使用，精心维护，未经领导同意，不准他人操作使用，不超负荷使用设备，禁止不文明操作。

3）上班前操作者必须戴好眼镜等防护用品；严禁戴手套，女同志一定要戴帽子，长发压入工作帽内。

4）试车时要注意观察油窗是否上油，机床有无异常声音，操纵手柄是否灵活可靠，并清洁各润滑部位，按时加油、换油，油质符合要求，油壶、油枪、油杯、油嘴齐全，油毡、油线清洁，油标明亮，油路畅通。

5）机床各导轨面严禁存放工具、工件等物品，以免碰、拉损坏机床，应将工具、工件、附件在指定位置放置整齐。

6）工件与刀具必须装夹牢靠，以免飞出伤人。

7）装夹大型工件及刀具时，必须用木板垫好滑动面，以防脱落砸坏机床导轨面。

8）必须按照切削规范进行加工，不得吃刀过猛，以防断齿或扭轴等事故发生；刀杆反转时，尾端套管必须装键，以免压紧螺母松动，坏刀伤人。

9）铣削铜、铝、铸铁工件时要戴口罩；长的切屑要及时处理，切勿用手直接去清理。

10）铣削时严禁用手摸切削刀和切削部位，或用棉纱擦拭工件和测量尺寸。

11）所用扳手都要合乎规格，紧松工件时不要用力过猛，以免脱滑伤人。

12）铣刀若无机动冷却需人工加切削液时，必须从铣刀的前方加入，毛刷要离开刀具，切勿在后方加入，以免铣刀伤人。

13）使用分度头交换齿轮时，必须随时注意来往人员，切勿把手放在交换齿轮架上或将衣服靠近交换齿轮架，以免发生事故。

14）成品、半成品、毛坯应在工作场地指定位置摆放整齐，并且应离开机床1m以外，其高度不得影响行车正常运行，防止倒塌。

15）脚踏板必须平稳、结实，以免发生人身事故。

16）严禁超负荷使用机床，严禁使用高压行灯，以免损坏机器和发生触电事故。

17）变换转速时，必须停车，以免打坏齿轮。

18）机床电器发生故障要及时断电并找电工排除，不得私自处理或接通电源，以免烧坏电动机、电器和发生触电事故。同时设备操作工人要配合维修工人修理设备，及时排除设备故障，按计划交设备维修单。

19）操作者必须坚守岗位，精力集中，严格按图样、工艺要求加工；有事离开机床要停车、灭灯、拉下电闸。

20）工作完毕后，将机床内外清洁，无黄袍；各滑动面、丝杠、齿条等无黑油污，无碰伤；各部位不漏油、不漏水、不漏气、不漏电；将各操纵手柄打到空档位置，工作台放在中间位置，拉下电闸。

21）操作者必须执行设备交接班制度，每日班后应认真填写交接班记录和设备运转情况记录。

5. 铣削加工守则

（1）铣刀的选择与装夹

1）铣刀直径及齿数的选择。

① 铣刀直径应根据铣削宽度和深度选择，一般铣削宽度和深度越大、越深，铣刀直径也应越大。

② 铣刀齿数应根据工件材料和加工要求选择，一般铣削塑料材料或粗加工时，选用粗齿铣刀；铣削脆性材料或半精加工、精加工时，选用中、细齿铣刀。

2）铣刀的装夹。

① 在卧式铣床上装夹铣刀时，在不影响加工的情况下尽量使铣刀靠近主轴，

支架靠近铣刀。若需铣刀离主轴较远时，应在主轴与铣刀间装一个辅助支架。

② 在立式铣床上装夹铣刀时，在不影响加工的情况下尽量选用短刀杆。

③ 铣刀装夹好后，必要时应用百分表检查铣刀的径向圆跳动。

④ 若同时用两把圆柱形铣刀铣宽平面时，应选螺旋方向相反的两把铣刀。

（2）工件的装夹

1）在平口钳上装夹。

① 要保证平口钳在工作台的正确位置，必要时用百分表找正固定钳口面，使其与工作台运动方向平行或垂直。

② 工件下面要垫放适当厚度的平行垫铁，夹紧时应使工件紧密地靠在平行垫铁上。

③ 工件高出钳口或伸出钳口两端不能太多，以防铣削时产生振动。

2）使用分度头的要求。

① 在分度头上装夹工件时，应先锁紧分度头主轴。在紧固工件时，禁止用管子套在手柄上施力。

② 调整好分度头主轴仰角后，应将机座上部四个螺钉拧紧，以免零件移动。

③ 在分度头两顶尖间装夹轴类工件时，应使前后顶尖的中心线重合。

④ 用分度头分度时，分度手柄应朝一个方向摇动，如果摇过位置，需反摇多余超过的距离再摇回到正确位置，以消除间隙。

⑤ 分度时，手柄上的定位销应慢慢插入分度盘的孔内，切勿突然撒手，以免损坏分度盘。

（3）铣削加工

1）铣削前把机床调整好后，应将不用的方向锁紧。

2）机动快速趋进时，靠近工件前改为正常进给速度，以防刀具与工件撞击。

3）铣螺旋槽时，应按计算选用的交换齿轮先进行试切，检查导程与螺旋方向是否正确，合格后才能进行加工。

4）用成形铣刀铣削时，为提高刀具寿命，铣削用量一般比圆柱形铣刀小25%左右。

5）用仿形法铣成形面时，滚子和靠模要保持良好接触，但压力不要过大，使滚子能灵活转动。

6）切断时，铣刀应尽量靠近夹具，以增加切断时的稳定性。

7）顺铣与逆铣的选用。

① 在下列情况下，建议采用逆铣：

a. 铣床工作台丝杠与螺母的间隙较大又不便调整时。

b. 工件表面有淬硬层、积渣或硬度不均匀时。

c. 工件表面凸凹不平较显著时。

d. 工件材料过硬时。

e. 阶梯铣削时。

f. 背吃刀量较大时。

② 在下列情况下，建议采用顺铣：

a. 铣削不易夹牢或薄而长的工件时。

b. 精铣时。

c. 切断胶木、塑料、有机玻璃等材料时。

三、铣工安全操作规程

1. 铣床安全操作规程

1）进入工作场地必须穿工作服。操作时操作者戴好防护镜，不准戴手套，女同志必须戴上工作帽。

2）开车前，检查机床手柄位置及刀具装夹是否牢固可靠，刀具运动方向与工作台进给方向是否正确。

3）将各注油孔注油，空转试车（冬季必须先开慢车）2min 以上，查看油窗等各部位，并听声音是否正常。

4）切削时先开车，如中途停车应先停止进给，后退刀再停车。

5）集中精力，坚守岗位，离开时必须停车，机床不许超负荷工作。

6）工作台上不准堆积过多的切屑，工作台及导轨面上禁止摆放工具或其他物件，工具应放在指定位置。

7）切削中，禁止用毛刷在与刀具转向相同的方向清理切屑或加切削液。

8）机床变速、更换铣刀以及测量工件尺寸时，必须停车。

9）严禁两个方向同时自动进给。

10）铣刀距离工件 10mm 以内，禁止快速进刀，不得连续点动快速进刀。

11）经常注意各部润滑情况，各运转的连接件，如有发现异常情况或异常声音应立即停车报告。

12）工作结束后，将手柄摇到零位，关闭总电源开关，将工、量、夹具擦净放好，擦净机床，做到工作场地清洁整齐。

2. 龙门铣床安全操作规程

1）必须遵守《铣床安全操作规范》。

2）工作前检查机床传动部位是否可靠，机床行程挡板是否装好，是否符合工作要求，然后再开车。

3）工件、刀具要装卡牢固，装卡工件所用工具要安全可靠，不准用一般扳手加套管装卸工件。

4）机床工作时，不准将脚蹬在床面上，更不准在工作台上站立或就坐。

5）使用起重设备或挂绳装卸工件时，必须遵守《起重设备安全技术操作规程》和《挂绳工安全技术操作规程》。

6）工作区内必须有防护挡板，防止飞屑伤人。场地要有适当的安全空间，工件码放要遵守定置管理规定。

7）铣切各种工件，特别是在粗铣时，开始应进行缓慢切削。

8）在切削中，不准变速和调整刀具，禁止用手摸或测量工件，人体、头和手不准接近刀具。

3. 铣削难加工材料时注意事项

（1）铣削高温合金材料时，注意热强度现象　高温合金材料具有热强度的特殊现象，即在 500 ~ 800℃ 时抗拉强度会达到最高值。因此，在铣削这类材料时，用高速钢铣刀的铣削速度一般不宜超过 10m/min，以免切削温度升到热强度的温度，否则铣刀切入工件的切削阻力会增大，不利于切削。

（2）铣削难加工材料时，注意加工硬化现象　铣削难加工材料一般都会产生加工硬化现象，从而形成切屑强韧现象（即切屑的强度和硬度变高、韧性也变高），切削温度也变高。在这种情况下，不应让强韧的切屑流向前刀面。如果有强韧的切屑流经前刀面，就容易产生熔焊和冷焊等粘刀现象。粘刀不利于切屑的排除，使容屑槽发生堵塞，容易造成"打刀"现象；粘刀还容易使铣刀产生冷焊磨损和崩刃。另外若强韧的切屑呈锯齿形，刀具刃口会容易损坏。有些难加工材料还会有较强的化学亲和力，也会加快铣刀的磨损速度。因此，对于铣削硬化现象较严重的材料，在确定铣刀后刀面的磨损标准值时，不宜过大，以免影响铣刀的正常使用。

（3）铣削难加工材料的铣刀，其前角不宜过大　在选择合理的铣刀几何参数时，对于用来加工高温合金等难加工材料的铣刀前角不宜选大，一般应采用较小的前角。

（4）铣削塑性变形较大的材料时，不宜使用逆铣和对称铣削　在铣削加工一些塑性变形大、切削温度高和冷硬程度严重的难加工材料时，不宜采用逆铣方法加工，一般必须采用顺铣方法加工。在端铣时不宜采用对称铣削方法加工，一般必须采用不对称铣削方法加工。因为顺铣可以使切屑粘接接触面积较小，切屑在脱离工件时，对铣刀的压力小，容易甩掉，切削刃不会在冷硬层中挤刮，可以提高铣刀寿命，并且可以获得较小的表面粗糙度值。

（5）铣削高锰钢材料时，进给量和背吃刀量不宜过小　铣削加工高锰钢材料时，应选用硬度高、有一定韧性、热导率较大、高温性能较好的硬质合金材料制作铣刀。在铣削加工时，进给量和背吃刀量不宜过小，以免切削刃或铣刀刀尖在上次进给形成的硬化层中划过而加速铣刀的磨损。另外，在保证铣刀刀尖有足够强度的情况下，刃口尽量磨得锋利一些，这样就可以使铣削加工时材料的加工硬化层薄一些和硬化的硬度低一些。

（6）铣削奥氏体不锈钢材料时，铣刀的齿数不宜选多　铣削加工常用的奥氏体不锈钢时，因其塑性大和加工硬化现象较严重，铣削的冲击和振动也较严重，切屑不易卷曲和折断。因此，要求机床、夹具、刀具的工艺系统刚性要好，铣刀齿数应尽量选少一些，不宜选多，并且应具有过渡刃，不宜采用逆铣，最好采用顺铣。铣刀最好采用添加钼铌元素的硬质合金。若用高速钢铣刀铣削加工时，应充分冲注冷却性能较好的切削液。

(7) 铣削钛合金材料时，铣刀刀片的悬伸量不宜偏大　铣削加工钛合金材料时，由于钛合金材料的可加工性很差，在铣削加工时，为了避免工件和刀具中的钛元素发生亲和现象，不宜采用含有钛元素的硬质合金制作的铣刀刀片。同时，钛合金的弹性变形较大，要求对其加工的工艺系统刚度要好，铣刀刀片在刀具中的悬伸量一定要注意不要偏大，尽量要小些，以防止在铣削加工过程中产生振动。

(8) 铣削纯铜材料时，粘刀现象不容忽视　铣削加工纯铜材料时，因其塑性大、切屑变形也就大，容易产生粘刀现象。因此，铣刀的刃口一定要锋利，前刀面的表面粗糙度值要小，前角应较大。

(9) 铣削淬火钢工件时，注意其工艺参数　淬火钢材料的金相组织一般为回火马氏体，其硬度较高、强度较高、热导率小。因此，铣削加工时铣刀应选用具有很高硬度和强度的硬质合金制造，通常选用超细晶粒度的硬质合金。选择铣刀的几何参数时，因铣削加工淬火钢时的切削力较大，根据材料的硬度选择适当的负前角。工件材料硬度很高时，其负前角应取稍大一些。而铣刀的后角则不宜选取较小值，应适当地选取较大一些，以减少铣刀后刀面与加工工件表面之间的摩擦。选择铣削速度应根据铣床刚度和刀具的使用寿命来确定，同时，应充分发挥硬质合金的优点，适当地提高铣削速度，以提高刀具的使用寿命。

(10) 铣削不锈钢材料时，注意其加工硬化等问题　由于不锈钢材料的塑性好，加工硬化较严重，铣削时冲击和振动都比较大，切屑不易折断，因此，铣床、夹具和刀具的工艺系统的刚度要好，铣刀的齿数应尽量少一些，并且应具有过渡切削刃。铣削时，最好采用顺铣方式，若选用高速钢铣刀铣削加工，则应充分冲注冷却性能较好的切削液。若选用硬质合金铣刀铣削加工，其硬质合金牌号应采用 K（YG）类、新牌号 643 或 813，以及通用性硬质合金等。采用锯片铣刀进行切断加工和铣削加工窄槽时，可将切削刃改磨成错齿，并交替倒角，以改善其切削性能。

(11) 铣削钛合金材料时，注意其工艺参数的选择　铣削加工钛合金材料的主要特点是因其与碳化钛的亲和力强，容易产生粘接，导热性差，塑性变形不显著，其他的特点与不锈钢比较接近。因此，可选用 K（YG）类硬质合金制造的铣刀铣削加工。选择铣刀的几何参数时，前角一般选取较小的正前角，后角选取适当的角度，其主偏角取 60°左右，刀尖制作出适当的圆弧半径，铣削速度不宜选高。若选用高速钢铣刀，铣削速度应选取小一些。铣削时应冲注极压切削液。钛合金材料的弹性变形大，因此，工艺系统应具有较好的刚度，以减少和防止切削振动。

（12）铣削高温合金材料时，注意其工艺参数的选择　高温合金是指在 600～1000℃的高温下使用的合金。其主要切削特点是：切削阻力大、加工硬化现象较严重、切削温度高等。因此，铣削高温合金材料时，铣刀的扩散磨损和粘接磨损很严重。铣削时，通常选用高速钢铣刀，最好选用高钴-高钒等高速钢。选用硬质合金刀具铣削加工时宜选用 K（YG）类硬质合金和 610、643、613 等新牌号硬质合金刀具。选择铣刀的几何参数时，前角一般选适中的角度，后角则应选稍大一些，螺旋角可选 45°。面铣刀应具有刃倾角，立铣刀的螺旋角应选取接近 30°，使切削刃较锋利，切削刃及其附近最好经过渗氮处理。铣削加工高温合金材料时，铣削速度一般应选取小一些。为了使刀具在硬化层以下切削，可选择较大的背吃刀量和较小的每齿进给量。此外，要求工艺系统应具有较高的刚度，铣床应具备足够的功率。

（13）铣削纯金属材料时，注意其工艺参数的选择　纯金属材料（如纯铜等）一般塑性较大、切削变形也较大，容易粘刀。因此，铣削加工纯金属材料宜采用高速钢材料制造铣刀，也可以采用 K（YG）类的硬质合金。铣削加工纯金属材料时，铣刀的切削刃一定要锋利，铣刀的前刀面最好修磨出大圆弧的卷屑槽，前刀面和后刀面的表面粗糙度值要小。选择铣刀的几何参数时，前角一般选取较大的角度，后角也选取较大的角度，主偏角可选取 45°～90°，副偏角也应选取大一些。面铣刀的副偏角可选取适中的角度，若采用 K（YG）类硬质合金铣刀，前角可选取较小值。高速钢铣刀的铣削速度一般选取稍大一些。硬质合金铣刀的铣削速度可选取更大一些，铣削前在工件的被加工表面上可涂抹一层切削液（乳化液或煤油、机械油混合的切削液），也可以在铣削时充分冲注极压乳化液，以获得较小的表面粗糙度值。

（14）变形铝合金的铣削特点不容忽视　工程上使用的铝合金一般可分为变形铝合金和铸造合金两大类。变形铝合金强度较好，塑性好，有防锈铝、硬铝、锻铝等几种。变形铝合金的铣削特点为：

1）其强度和硬度均不很高，但导热性好，因此，铣削负载小，切削温度较低、切削速度可以取高一些。

2）其塑性好，熔点低，铣削时粘刀现象较严重，排屑不畅，表面粗糙度值难以降低。

3）一般选用高速钢铣刀。若采用硬质合金铣刀铣削加工时，应选用 YG 类刀片，以减小与铝合金的化学亲和力。

4）铣削用量的选择。可以采用高速度、大进给量铣削，在用硬质合金铣刀和高速钢铣刀铣削加工时，均可以选取较高的铣削速度。在选择铣刀角度时，可选取较大的前角，铣刀齿数宜少，前刀面和后刀面的表面粗糙度值要小，以便减小切屑变形，增大容屑空间，减少粘刀现象。精铣时，不能采用水剂切削液，以免在已加工的表面上形成小针孔，一般可用煤油或柴油作为切削液。

四、铣工上岗条件及工作责任

1. 上岗条件

（1）文化程度　具有技工学校、职业高中或具有本专业知识的同等水平。

（2）岗位培训及工作经历　取得岗位合格证书，从事相同岗位工作三年以上。

（3）专业知识

1）掌握铣工工艺学。

2）掌握自用铣床的名称、规格型号、性能、维护保养方法。

3）掌握常用工具、夹具、量具的名称、规格、使用、维护保养方法。

4）掌握常用润滑剂、切削液的种类和用途。

5）掌握切削用量选择原则。

6）掌握切削温度变化的主要因素及切削温度对刀具寿命和工件变形的影响。

（4）实际操作能力

1）能看懂铣床使用说明书。

2）能看懂零件图，正确执行工艺规程。

3）能正确操作和调整自用机床，并能维护和保养。

4）能正确使用工具、夹具、量具，并能维护和保养。

5）能根据工件材料、加工要求，正确选择铣刀。

6）能正确合理地选择切削用量。

2. 工作责任

1）对零件的工序加工质量、加工时间负责。

2）对使用的设备、工具、夹具、量具的维护保养负责。

3）对设备及周围环境的卫生负责。

4）按工艺规定，保证工序余量和加工精度，以利于后续工序的顺利进行。

5）本工序出现加工问题，及时与施工员、检验员及下工序工作者协商处理。

五、铣工文明生产守则和注意事项

1. 文明生产

文明生产是协调生产过程中人、物、环境三者之间关系的生产活动，各企业应根据自己企业的特点、传统及企业文化制订，使人、物、环境和谐有序地生产、流动及保持。大致涉及以下七个方面的内容：

1）员工管理。

2）生产管理。

3）质量管理。坚持三检制度，合格后转入下工序。

4）工艺管理。岗位技能培训，考核合格后方可上岗。

5）定置管理。做到工完、料净、场地清。

6）设备及工、夹、量具的管理。做到"三好"、"四会"。

7）安全生产管理。贯彻"安全第一，预防为主"的思想，每名员工都应知道并做到"三不一要"，即我不伤害自己，我不伤害别人，我不被别人伤害，我要安全。

2. 注意事项

希望铣工岗位工人能够按照岗位安全规范和操作守则，运用岗位知识和技能，安全地完成本岗位零件的加工，生产出合格的零件。在此特别强调几个注意事项，望铣工们注意：

1）首先树立"安全第一，预防为主"的思想，坚持"三不一要"。

2）遵守企业管理制度，维护企业形象。

3）正确处理加工数量与加工质量的关系。

4）必须执行工艺纪律，按"三检三按"方针进行加工。三检：即自检、互检、专职检；三按：即按设计图样、按工艺文件、按技术标准。

5）参加岗位培训，掌握铣工的专业知识，不断学习提高操作技能。

第二篇 基础知识

第一章

铣削加工的基本知识

一、铣床的基本知识

铣床（类别号为"X"，读作"铣"），常见的有卧式万能升降台铣床（例如 XA6132）、立式升降台铣床（例如 XA5032）、龙门铣床（例如 X2010C）等，这些铣床的外形如图 2-1-1 ~ 图 2-1-3 所示。

图 2-1-1　卧式万能铣床外形

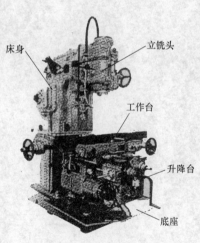

图 2-1-2　立式铣床外形

（1）卧式铣床　图 2-1-1 所示为卧式万能铣床的外形，它的主运动为铣刀的旋转，安装铣刀的主轴处于水平卧式位置。用于安装夹具和工件的工作台作进给运动。工作台能在水平面内旋转一定角度的，就称为卧式万能铣床；否则，就称为卧式铣床，或称"平铣"。这种铣床由床身、横梁、工作台、升降台、底座等组成。

（2）立式铣床　图 2-1-2 所示为立式铣床的外形，它与卧式铣床的主要区别是它的主轴是直立的，与工作台台面垂直。有的立式铣床为了加工需要，还能把立铣头偏斜一定角度。立式铣床是生产中加工平面及沟槽效率较高的机床之一。

（3）龙门铣床　龙门铣床用来加工大、中、小型机器零件的平面、垂直面、倾斜面、导轨面、箱体等多表面，适合成批、大量生产以及粗、精加工。龙门铣床和龙门刨床很相似，但它的工作台往复是用来驱动工件作进给运动。图 2-1-3 所示为龙门铣床的外形，两个垂直主轴箱能沿横梁左右移动，两个水平主轴箱可沿立柱导轨上下移动，每个主轴箱都能沿轴向调整，并可按生产需要旋转一定角度，这样对一些多表面零件，就可以同时从顶部和两个侧面铣削工件。此外还有立柱导轨、横梁、床身、工作台等主要部件。

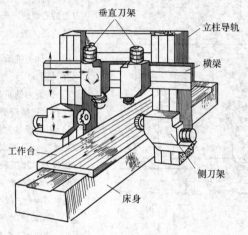

图 2-1-3　龙门铣床外形

二、铣削的基本知识

铣工使用铣床，安装上刀具（铣刀），按照工艺要求对工件进行加工，即称为铣削。

1. 铣削特点

（1）断续切削，易产生冲击和振动　铣削过程是一个断续切削过程，刀齿切入和切出工件的瞬间，由于同时工作的刀齿数目的增减，将产生冲击和振动。当振动频率与机床固有频率一致时，将会发生共振，造成刀齿崩刃，甚至损坏机床零部件。另外，由于切削厚度的周期变化而导致切削力的波动，也会引起振动。冲击和振动现象的存在，降低了铣削加工的精度。

（2）多刃切削，切削效率高　铣刀是一种多刃刀具，同时工作的齿数多，可以采用接替铣削，也可以采用高速铣削，且无空行程，故切削效率较高。

（3）可选用不同的切削方式　铣削时，可根据不同材料的可加工性和具体加工要求，选用顺铣和逆铣、对称铣和不对称铣等切削方式，提高刀具寿命和加工生产率。

2. 铣削方式（见表2-1-1）

表 2-1-1　铣削方式的特点及应用

铣削方式	加工简图	特点及应用
逆铣	a)　　　　b)	1）工件的进给方向与铣刀的旋转方向相反（见图a） 2）铣削力的垂直分力向上，工件需要较大的夹紧力 3）铣削厚度由零开始逐渐增大（见图b），当刀齿刚接触工件时，其铣削厚度为零，后刀面与工件产生挤压和摩擦，会加速刀齿的磨损，降低铣刀寿命和工件已加工表面的质量，造成加工硬化层
顺铣	a)　　　　b)	1）工件的进给方向与铣刀的旋转方向相同（见图a） 2）铣削力的垂直分力向下，将工件压向工作台，铣削较平稳 3）刀齿以最大铣削厚度切入工件而逐渐减小至零（见图b），后刀面与工件无挤压、摩擦现象，加工表面精度较高 4）因刀齿突然切入工件会加速刀齿的磨损，降低铣刀寿命，故不适用于加工带硬皮的工件 5）铣削力的水平分力与工件进给方向相同，因此，当机床工作台的进给丝杠与螺母有间隙而又没有消除间隙的装置时，不宜采用顺铣
对称铣削		铣刀位于工件宽度的对称线上，切入和切出处铣削厚度最小又不为零，因此，对铣削具有冷硬层的淬硬钢有利。其切入边为逆铣，切出边为顺铣
不对称逆铣		铣刀以最小铣削厚度（不为零）切入工件，以最大厚度切出工件。因切入厚度较小，减小了冲击，对提高铣刀寿命有利，适用于铣削碳钢和一般合金钢
不对称顺铣		铣刀以较大铣削厚度切入工件，又以最小厚度切出工件。虽然铣削时具有一定的冲击性，但可以避免切削刃切入冷硬层，适合于铣削冷硬材料与不锈钢、耐热合金等

3. 铣削精度

（1）铣削加工的经济精度（见表2-1-2～表2-1-4）

表2-1-2 升降台铣床的铣削经济精度 （单位：mm）

铣床类型	公差类型			经济精度
立式铣床	平面度			0.1/300
	平行度			0.2/300
	垂直度			0.2/300
	铣削零件厚度的公差	长度	≤120	0.15
		宽度	≤120	
		长度	>120～360	0.25
		宽度	≤360	
		长度	>360～500	0.35
		宽度	≤360	
		长度	>500～1000	0.45
		宽度	≤360	
	成形铣削尺寸的公差			0.5
卧式铣床	平面度			0.1/300
	平行度			0.2/300
	垂直度			0.2/300
	铣削零件厚度的公差	长度	≤120	0.2
		宽度	≤120	
		长度	>120～360	0.35
		宽度	≤360	
		长度	>360～500	0.45
		宽度	≤360	
		长度	>500～1000	0.5
		宽度	≤360	
	沟槽侧面的倾斜			0.2/100
	用分度头铣削时的角度偏差			10′
数控铣床	加工误差			±0.05
	重复定位精度			0.025

表 2-1-3　床身铣床（工作台不升降铣床）经济精度　（单位：mm）

铣床类型	公差类型	经济精度
十字工作台式及横向滑枕移动式	平面度	0.05/300
	平行度	0.05/300
	垂直度	0.05/300
立柱移动式	平面度	0.05/300
	平行度	0.05/300
	垂直度	0.05/300
数控铣床	加工误差	±0.05
	重复定位精度	0.025

表 2-1-4　龙门铣床经济精度　　　　（单位：mm）

铣床类型	公差类型		经济精度
普通型	平面度		0.05/1000
	垂直度		0.05/300
数控型	直线运动坐标的定位精度	X 轴	0.06
		Y 轴	0.05
		Z 轴	0.035
	直线运动坐标的重复定位精度		0.025

（2）铣削加工的表面粗糙度（见表 2-1-5 和表 2-1-6）

表 2-1-5　铣削加工的表面粗糙度值 Ra　（单位：μm）

铣削形式＼铣削种类	粗　铣	精　铣	超　精　铣
圆柱铣	2.5 ~ 20	0.63 ~ 5	0.32 ~ 1.25
端铣	2.5 ~ 20	0.32 ~ 5	0.16 ~ 1.25
高速铣	0.63 ~ 2.5	0.16 ~ 0.63	—

表 2-1-6　不同类型铣床铣削表面最小表面粗糙度值 *Ra*　（单位：μm）

铣床类型	升降台铣床							
	普通型	半自动型	仿形	数控	坐标铣	工具铣	摇臂铣	滑枕铣
铣削最小表面粗糙度值	>1.25 ~ 2.5	>0.63 ~ 1.25	>2.5 ~ 5	>1.25 ~ 2.5	1.25	>1.25 ~ 2.5	>2.5 ~ 5	>1.25 ~ 2.5

铣床类型	床身铣床					龙门铣床		
	十字工作台式	滑枕式	立柱移动式	仿形	数控	普通型	龙门架移动式	数控
铣削最小表面粗糙度值	>1.25 ~ 2.5	>0.63 ~ 1.25	>1.25 ~ 2.5	>2.5 ~ 5	>1.25 ~ 2.5	>1.25 ~ 2.5	>1.25 ~ 2.5	>1.25 ~ 2.5

4. 铣削材料切除率

铣削材料切除率是指铣床在单位时间内切除的材料量，用于表征铣床在一定条件下的生产率。铣床在满功率时的最大材料切除率为

$$Q_{max} = a_w v_f a_p$$

式中　Q_{max}——最大材料切除率（mm³/min）；

　　　　a_w——铣削切削层公称宽度（mm）；

　　　　a_p——铣削深度（mm）；

　　　　v_f——每分钟进给量（mm/min）。

通常，中型升降台铣床铣削中碳钢（≤220HBW）时的最大材料切除率 Q_{max} 为 $(1 ~ 2.5) \times 10^5 \ mm^3/min$，中型床身铣床为 $(1.5 ~ 3.5) \times 10^5 \ mm^3/min$，龙门铣床为 $5 \times 10^5 \ mm^3/min$ 以上。

5. 铣削加工的应用范围（见表 2-1-7）

表 2-1-7　铣削加工的应用范围

铣削类型	示　意　图	简　要　说　明
平面铣削		面铣刀铣削各种平面，刀杆刚度高，铣削厚度变化小，同时参加工作的刀齿数较多，切削平稳，加工表面质量较高，生产率高
		螺旋齿圆柱形铣刀，仅用于铣削宽度不大的平面。当选用较大螺旋角的铣刀时，可以适当提高进给量
		套式立铣刀铣削阶台平面

（续）

铣削类型	示意图	简要说明
平面铣削		立铣刀铣削侧面（或凸台平面），当铣削宽度较大时，应选用较大直径的立铣刀，以提高铣削效率
		三面刃铣刀铣削侧面（或凸台平面），在满足工件的铣削要求及工件（或夹具）不碰刀杆套筒的条件下，应选用较小直径的铣刀
		两把三面刃铣刀铣削平行阶台平面，铣刀的直径应相等。装刀时，两把铣刀的刀齿应错开半个齿，以减小振幅
沟槽铣削		键槽铣刀铣削各种键槽，先在任一端钻一个直径略小于键宽的孔，铣削时铣刀轴线应与工件轴线重合
		半圆键铣刀铣削半圆键槽，铣刀宽度方向的对称平面应通过工件轴线
		立铣刀铣削各种凹坑平面或各种形状的孔，先在任一边钻一个比铣刀直径略小的孔，便于轴向进刀

（续）

铣 削 类 型	示 意 图	简 要 说 明
沟槽铣削		立铣刀铣削一端不通的槽，铣刀装夹要牢固，避免因轴向铣削分力大而产生"掉刀"现象
		错齿（或镶齿）三面刃铣刀铣削各种直通槽或不通槽，排屑顺利，效率较高
		对称双角铣刀铣削各种角度的 V 形槽，先用三面刃铣刀或锯片铣刀铣削直槽至要求深度
		T 形槽铣刀铣削各种 T 形槽，先用立铣刀或三面刃铣刀铣垂直槽至全槽深
		燕尾槽铣刀铣削燕尾槽，或用单角铣刀将立铣头扳一倾斜角后铣削
		锯片铣刀切断板料或型材，被切断部分底面应支撑好，避免切断时因掉落而引起打刀
成形面铣削		凸半圆铣刀铣削各种半径的凹形面或半圆槽

（续）

铣削类型	示 意 图	简 要 说 明
成形面铣削		凹半圆铣刀铣削各种半径的凸半圆成形面
		成形花键铣刀铣削直边花键轴，铣刀齿宽的对称平面应通过工件轴线
球面铣削		铣刀盘铣削外球面，刀尖旋转运动轨迹与球的截形圆重合，铣削时手摇分度头手柄使工件绕自身轴线旋转
		铣刀盘或立铣刀铣削内球面，先确定刀具直径及工件倾斜角，工件夹持在分度头上与分度头主轴一起旋转
		铣刀盘铣削椭圆柱，刀盘上刀尖的旋转直径 d_0 按长轴尺寸 D_1 决定，根据长轴及短轴尺寸 D_2 的大小计算立铣头的倾斜角 α
		立铣刀或三面刃铣刀铣削椭圆槽，按长轴尺寸 D_1 选定铣刀直径 d_0，根据长轴及短轴尺寸 D_1、D_2 的大小计算立铣头的倾斜角 α

（续）

铣削类型	示 意 图	简 要 说 明
离合器铣削		单角铣刀、对称双角铣刀、圆盘形铣刀等铣削各种端面齿离合器，根据齿形要求计算铣刀尺寸和分度头倾斜角 α
凸轮铣削		立铣刀铣削平板凸轮、圆柱凸轮，按凸轮曲线导程计算分度头与工作台丝杠之间的交换齿轮
螺旋铣削		立铣刀铣削圆柱上各种螺旋槽，按导程计算分度头与工作台丝杠之间的交换齿轮
曲面铣削		立铣刀铣削各种平面曲线（X、Y 两向），按靠模外形（或编程）加工，铣刀直径与靠模直径应一致
		锥形立铣刀、球头立铣刀或立铣刀铣削空间曲面（X、Y、Z 三向），按靠模（或编程）加工，铣刀直径与靠模直径应一致
刀具开齿		单角铣刀、不对称双角铣刀铣削圆盘形刀具的直齿槽

铣削类型	示 意 图	简 要 说 明
刀具开齿		不对称双角铣刀铣削螺旋形刀具的刀齿槽，按工件螺旋角将工作台扳一个相同的角度，并根据螺旋槽导程计算分度头与工作台丝杠之间的交换齿轮
齿形铣削		成形齿轮铣刀铣削直齿圆柱齿轮和斜齿圆柱齿轮。对于圆柱斜齿轮，铣削时，按螺旋导程计算分度头与工作台丝杠之间的交换齿轮
		成形齿轮铣刀铣削直齿锥齿轮

6. 铣刀寿命

（1）铣刀后刀面磨损极限值（见表2-1-8）

表2-1-8　铣刀后刀面磨损极限值　　　　　（单位：mm）

铣刀类型	工件材料	加工情况	铣刀材料	
			高 速 钢	硬质合金
面铣刀	钢	粗铣	1.2~1.8	1.0~1.2
		精铣	0.3~0.5	0.3~0.5
	铸铁	粗铣	1.5~2.0	1.5~2.0
		精铣	0.3~0.5	0.4
镶齿三面刃铣刀	钢	粗铣	1.2~1.8	1.0~1.2
		精铣	0.3~0.5	0.4
	铸铁	粗铣	1.5~1.8	1.0~1.5
		精铣	0.3~0.5	0.4

　注：除高速钢刀具切钢用切削液外，其余均为干切情况；本表只适用于设备具有正常刚度的情况下；精加工耐热钢时，一般应取较小的磨损极限值。

（2）铣刀的合理寿命（见表2-1-9）

表 2-1-9　铣刀的合理寿命　　　　（单位：min）

刀具材料	铣刀名称	铣刀直径/mm								
		20	50	75	100	150	200	300	400	500
高速钢	面铣刀		100	120	130	170	250	300	400	500
	立铣刀	60	80	100						
	三面刃盘铣刀、锯片铣刀		100	120	130	170	250			
	键槽铣刀		80	90	100	110	120			
	圆柱铣刀	100	170	280	400					
	角度铣刀			100	150	170				
	燕尾铣刀			120	180	200				
硬质合金	面铣刀		90	100	120	200	300	500	600	800
	立铣刀	75	90							
	三面刃盘铣刀、锯片铣刀				130	160	200	300	400	
	键槽铣刀				120	150	180			
	圆柱铣刀					150	180	200		
	角度铣刀				150	180				
	燕尾铣刀				150	180				

注：对装刀、调刀比较复杂的组合铣刀，寿命应比表中推荐值高400%～800%；用机夹可转位硬质合金刀片时，换刀和调刀方便，寿命可为表中的1/2～1/4。

三、铣刀材料的选用

1. 铣刀材料应具备的性能

在切削过程中，铣刀的切削部分承受着很大的压力，并产生很高的温度，同时刀具的前刀面与后刀面还分别与切屑和工件表面发生剧烈的摩擦，使刀具出现不同程度的磨损，影响到刀具的使用寿命和生产效率。所以刀具材料应具备以下性能：

① 较高的硬度。室温硬度63HRC以上。

② 较高的耐磨性。

③ 较高的耐热性和导热性。

④ 足够的强度和韧性。

⑤ 较好的化学惰性。

2. 铣刀常用的材料

铣刀常用的材料有高速钢、硬质合金和某些非金属材料，见表2-1-10～表2-1-13。

表 2-1-10　常用高速工具钢的性能和用途

类型	牌　号	硬度 HRC			抗弯强度/MPa	冲击韧度/（J/cm²）	磨 削 性 能	主 要 用 途
		室温	500℃	600℃				
普通高速钢	W18Cr4V*	63～66	56	48.5	2940～3330	17.6～34.4	好，普通刚玉砂轮能磨	用途广泛，各种铣刀均能采用
	W6Mo5Cr4V2*	63～66	55～56	47～48	3430～3920	29.4～39.2	较 W18Cr4V 差	热轧刀具及尖齿铣刀
	W14Cr4VMnRE	64～66	—	50.5	～3920	～24.5	较好	热轧刀具
高性能高速钢	高碳 95W18Cr4V	67～68	59	52	～2920	16.6～21.6	好，与 W18Cr4V 相近	对韧性要求不高，但对耐磨性要求高的铣刀，如精铣刀
	高钒 W12Cr4V4Mo	65～67	—	51.7	～3136	～24.5	差	对耐磨性有较高要求的铣刀，但形状应较简单
	高钒 W6Mo5Cr4V3*	65～67	—	51.7	～3136	～24.5	差	
	含钴 W6Mo5Cr4V2Co8	66～68	—	54	～2920	29.4	较好	高温硬度和抗氧化能力好，硬度等综合性能好，可用于切削高温合金、不锈钢等难加工材料的铣刀
	含钴 W2Mo9Cr4VCo8*	67～70	60	55	2650～3720	22.5～29.4		
	含铝 W6Mo5Cr4V2Al*	67～69	60	55	2840～3820	22.5～29.4	较差	高温硬度和耐磨性能好，可进行表面渗氮，进一步提高硬度，用于要求耐磨性高、形状较简单的铣刀
	含铝 W10Mo4Cr4V3Al	67～69	60	54	3040～3430	19.6～27.4		
	含铝 W6Mo5Cr4V5SiNbAl	66～68	57.7	50.9	3530～3820	25.5～26.5		
	含氮 W12Mo3Cr4V3N	67～70	61	55	1960～3430	14.7～39.2	差	用于耐磨性高、形状较简单的铣刀

注：牌号中带＊号者，符合 GB/T 9943—2008 的规定，其化学成分见表 2-1-11；余者系沿用冶标或厂标牌号。

表2-1-11 高速工具钢化学成分（GB/T 9943—2008）

序号	统一数字代号	牌号	化学成分（质量分数，%）									
			C	Mn	Si	S	P	Cr	V	W	Mo	Co
1	T63342	W3Mo3Cr4V2	0.95~1.03	≤0.40	≤0.45	≤0.030	≤0.030	3.80~4.50	2.20~2.50	2.70~3.00	2.50~2.90	—
2	T64340	W4Mo3Cr4VSi	0.83~0.93	0.20~0.40	0.70~1.00	≤0.030	≤0.030	3.80~4.40	1.20~1.80	3.50~4.50	2.50~3.50	—
3	T51841	W18Cr4V	0.73~0.83	0.10~0.40	0.20~0.40	≤0.030	≤0.030	3.80~4.50	1.00~1.20	17.20~18.70	—	—
4	T62841	W2Mo8Cr4V	0.77~0.87	≤0.40	≤0.70	≤0.030	≤0.030	3.50~4.50	1.00~1.40	1.40~2.00	8.00~9.00	—
5	T62942	W2Mo9Cr4V2	0.95~1.05	0.15~0.40	≤0.70	≤0.030	≤0.030	3.50~4.50	1.75~2.20	1.50~2.10	8.20~9.20	—
6	T66541	W6Mo5Cr4V2	0.80~0.90	0.15~0.40	0.20~0.45	≤0.030	≤0.030	3.80~4.40	1.75~2.20	5.50~6.75	4.50~5.50	—
7	T66542	CW6Mo5Cr4V2	0.86~0.94	0.15~0.40	0.20~0.45	≤0.030	≤0.030	3.80~4.50	1.75~2.10	5.90~6.70	4.70~5.20	—
8	T66642	W6Mo6Cr4V2	1.00~1.10	≤0.40	≤0.45	≤0.030	≤0.030	3.80~4.50	2.30~2.60	5.90~6.70	5.50~6.50	—
9	T69341	W9Mo3Cr4V	0.77~0.87	0.20~0.40	0.20~0.40	≤0.030	≤0.030	3.80~4.40	1.30~1.70	8.50~9.50	2.70~3.30	—
10	T66543	W6Mo5Cr4V3	1.15~1.25	0.15~0.40	0.20~0.45	≤0.030	≤0.030	3.80~4.50	2.70~3.20	5.90~6.70	4.70~5.20	—

（续）

化学成分（质量分数，%）

序号	统一数字代号	牌号	C	Mn	Si	S	P	Cr	V	W	Mo	Co
11	T66545	CW6Mo5Cr4V3	1.25~1.32	0.15~0.40	≤0.70	≤0.030	≤0.030	3.75~4.50	2.70~3.20	5.90~6.70	4.70~5.20	—
12	T66544	W6Mo5Cr4V4	1.25~1.40	≤0.40	≤0.45	≤0.030	≤0.030	3.80~4.50	3.70~4.20	5.20~6.00	4.20~5.00	—
13	T66546	W6Mo5Cr4V2Al	1.05~1.15	0.15~0.40	0.20~0.60	≤0.030	≤0.030	3.80~4.40	1.75~2.20	5.50~6.75	4.50~5.50	Al: 0.80~1.20
14	T71245	W12Cr4V5Co5	1.50~1.60	0.15~0.40	0.20~0.45	≤0.030	≤0.030	3.75~5.00	4.50~5.25	11.75~13.00	—	4.75~5.25
15	T76545	W6Mo5Cr4V2Co5	0.87~0.95	0.15~0.40	0.20~0.45	≤0.030	≤0.030	3.80~4.50	1.70~2.10	5.90~6.70	4.70~5.20	4.50~5.00
16	T76438	W6Mo5Cr4V3Co8	1.23~1.33	≤0.40	≤0.70	≤0.030	≤0.030	3.80~4.50	2.70~3.20	5.90~6.70	4.70~5.30	8.00~8.80
17	T77445	W7Mo4Cr4V2Co5	1.05~1.15	0.20~0.60	0.15~0.50	≤0.030	≤0.030	3.75~4.50	1.75~2.25	6.25~7.00	3.25~4.25	4.75~5.75
18	T72948	W2Mo9Cr4VCo8	1.05~1.15	0.15~0.40	0.15~0.65	≤0.030	≤0.030	3.50~4.25	0.95~1.35	1.15~1.85	9.00~10.0	7.75~8.75
19	T71010	W10Mo4Cr4V3Co10	1.20~1.35	≤0.40	≤0.45	≤0.030	≤0.030	3.80~4.50	3.00~3.50	9.00~10.00	3.20~3.90	9.50~10.50

表 2-1-12　常用硬质合金的性能和用途

类　别		牌号	相近的国标牌号	硬度HRA	抗弯强度/MPa	抗压强度/MPa	弹性模量/MPa	冲击韧度/（J/cm²）	主要用途
WC 基	WC + Co	YG3X	K01	91.5	1100	5400 ~ 5630	—	—	铸铁、有色金属及其合金的精加工和半精加工，要求无冲击
		YG6X	K10	91	1400	4700 ~ 5100	—	~2.0	铸铁、冷硬铸铁、高温合金精加工和半精加工
		YG6	K20	89.5	1450	4600	630000 ~ 640000	~3.0	铸铁、有色金属及其合金的半精加工和精加工
		YG8	K30	89	1500	4470	600000 ~ 610000	~4.0	铸铁、有色金属及其合金的粗加工
		YG10H	K30	91.5	2200	—	—	—	高强度钢、耐热钢等难加工材料的加工
	WC + TiC + Co	YT30	P01	92.5	900	—	400000 ~ 410000	0.3	碳素钢、合金钢的精加工
		YT15	P10	91	1150	3900	520000 ~ 530000	—	碳素钢、合金钢的粗加工和半精加工，有时也用于精加工
		YT14	P20	90.5	1200	4200	—	0.7	
		YT5	P30	89.5	1400	4600	590000 ~ 600000	—	碳素钢、合金钢的粗加工
	WC + TaC（NbC）+ Co	YG6A	K10	91.5	1400	—	—	—	冷硬铸铁、有色金属及其合金的半精加工，也可用于高锰钢、淬火钢的半精加工和精加工

（续）

类　别		牌号	相近的国标牌号	硬度 HRA	抗弯强度 /MPa	抗压强度 /MPa	弹性模量 /MPa	冲击韧度/ (J/cm²)	主要用途
WC 基	WC + TaC (NbC) + Co	YG8A	K25	89.5	1500	—	—	—	铸铁、有色金属及其合金的粗加工和半精加工
	WC + TiC + TaC (NbC) + Co	YW1	M10	91.5	1200	—	—	—	不锈钢、高强度钢、铸铁的半精加工和精加工
		YW2	M20	90.5	1350	—	—	—	不锈钢、高强度钢、铸铁的粗加工和半精加工
TiC 基		YN05	P01.1	93.3	950	—	—	—	低碳钢、中碳钢、合金钢的粗加工和半精加工
		YN10	P01	92	1100	—	—	—	碳钢、合金钢、工具钢、淬硬钢的精加工，要求无冲击

注：YG 表示钨钴类硬质合金；YT 表示钨钛钴类硬质合金；YA 表示钨钽（铌）钴类硬质合金；YW 表示钨钛钽（铌）类硬质合金；YN 表示碳化钛基硬质合金；Ni 作为粘结金属。牌号后面的字母 C 表示粗颗粒，X 表示细颗粒（1.5μm 左右），H 表示超细颗粒（0.1～1μm，大部分在 0.5μm 以下）。

　　另外，粉末冶金高速钢优点很多，可用于切削各种难加工材料，制造各种精密刀具和形状复杂的刀具。

　　高速钢刀具，尤其是含铝高速钢，可进行表面渗氮，还可进行表面涂层（涂覆 TiN 或 TiC 等材料）。这样刀具的耐磨性和寿命可以得到显著提高。

　　对硬质合金材料的表面涂覆 TiC、TiN、Al_2O_3 等极细的晶粒，厚度为 5～12μm，往往是复合涂覆，即进行两层、三层和多层涂覆，其基体是韧性较好的硬质合金，而表面涂层的硬度却可高达 3200HV，因此能适用于各种钢材、铸铁的精加工和半精加工，以及负荷较轻的粗加工。

表 2-1-13　几种非金属刀具材料的性能和用途

类型（牌号）		硬度	抗弯强度/MPa	抗压强度/MPa	冲击韧度/(J/cm²)	弹性模量/MPa	热导率/[W/(m·K)]	线胀系数/×10⁻⁶℃⁻¹	耐热性/℃	主要用途
陶瓷	Al₂O₃陶瓷(AM)	>91HRA	450~550	5000	0.5	350000~4000000	19.2	7.9	1200	钢、铸铁、有色金属及其合金的精加工和半精加工
	Al₂O₃+TiC陶瓷(T8)	93~94HRA	550~650	—	—	—	—	—	—	
	Si₃N₄陶瓷(SM)	91~93HRA	750~850	3600	0.4	300000	38.2	1.75	1300	
金刚石	天然金刚石	10000HV	210~490	2000	—	900000	146.5	0.9~1.18	700~800	适合加工有色金属及其合金,不适合加工钢、铁合金材料
	聚晶金刚石复合刀片	6500~8000HK	2800	4200	—	560000	100~108.7	5.4~6.48	700~800	
立方氮化硼	烧结体	6000~8000HV	1000	1500	—	720000	41.8	2.5~3	1000~1200	高温合金、淬硬钢、冷硬铸铁的半精加工和精加工
	立方氮化硼复合刀片(FD)	≥5000HV	1500	—	—	—	—	—	>1000	

四、铣削用量

1. 进给量的推荐值（见表2-1-14～表2-1-17）

表2-1-14 高速钢面铣刀、圆柱铣刀和盘铣刀加工时的进给量

铣床（铣头）功率/kW	工艺系统刚性	粗齿和镶齿铣刀				细齿铣刀			
		面铣刀和盘铣刀		圆柱铣刀		面铣刀和盘铣刀		圆柱铣刀	
		每齿进给量 f_z/(mm/z)							
		钢	铸铁及铜合金	钢	铸铁及铜合金	钢	铸铁及铜合金	钢	铸铁及铜合金
>10	上等	0.2～0.3	0.3～0.45	0.25～0.35	0.35～0.5	—	—	—	—
	中等	0.15～0.25	0.25～0.4	0.2～0.3	0.3～0.4	—	—	—	—
	下等	0.1～0.15	0.2～0.25	0.15～0.2	0.25～0.3	—	—	—	—
5～10	上等	0.12～0.2	0.25～0.35	0.15～0.35	0.25～0.35	0.08～0.12	0.2～0.35	0.1～0.15	0.12～0.2
	中等	0.08～0.15	0.2～0.3	0.12～0.2	0.2～0.3	0.06～0.1	0.15～0.3	0.06～0.1	0.1～0.15
	下等	0.06～0.1	0.15～0.25	0.1～0.15	0.12～0.2	0.04～0.08	0.1～0.2	0.06～0.08	0.08～0.12
<5	中等	0.04～0.06	0.15～0.3	0.1～0.15	0.12～0.2	0.04～0.06	0.12～0.2	0.05～0.08	0.06～0.12
	下等	0.04～0.06	0.1～0.2	0.1～0.15	0.04～0.06	0.08～0.15	0.08～0.15	0.03～0.06	0.05～0.1

注：1. 表中大进给量用于小的吃刀量和铣削宽度；小的进给量用于大的吃刀量和铣削宽度。

2. 铣削耐热钢时，进给量与铣削钢时相同，但不大于0.3mm/z。

3. 此表用于粗铣、半精铣进给量，精铣进给量按工件表面粗糙度的要求选取。

表 2-1-15　高速钢立铣刀、角度铣刀、半圆铣刀和切断铣刀加工钢的进给量

铣刀直径/mm	铣刀类型	侧吃刀量 a_e/mm								
		3	5	6	8	10	12	15	20	30
		每齿进给量 f_z/(mm/z)								
16	立铣刀	0.08~0.05	0.06~0.05	—						
20	立铣刀	0.1~0.06	0.06~0.03							
25	立铣刀	0.12~0.07	0.09~0.05	0.08~0.04	—					
32	立铣刀	0.16~0.1	0.12~0.07	0.10~0.05						
	半圆、角度铣刀	0.08~0.04	0.07~0.05	0.06~0.04						
40	立铣刀	0.2~0.12	0.14~0.08	0.12~0.07	0.08~0.05					
	半圆、角度铣刀	0.09~0.05	0.07~0.05	0.06~0.03	0.06~0.03					—
	切槽铣刀	0.009~0.005	0.007~0.003	0.01~0.007	—					
50	立铣刀	0.25~0.15	0.15~0.1	0.13~0.08	0.1~0.07					
	半圆、角度铣刀	0.1~0.06	0.08~0.05	0.07~0.04	0.06~0.03					
	切槽铣刀	0.01~0.006	0.008~0.004	0.012~0.008	0.012~0.008					
63	半圆、角度铣刀	0.1~0.06	0.08~0.05	0.07~0.04	0.06~0.04	0.05~0.03				
	切槽铣刀	0.13~0.008	0.01~0.005	0.015~0.01	0.015~0.01	0.015~0.01				
	切断铣刀	—	—	0.025~0.015	0.022~0.012	0.02~0.01				
80	半圆、角度铣刀	0.12~0.08	0.01~0.006	0.09~0.05	0.07~0.05	0.06~0.04	0.06~0.03			
	切槽铣刀	—	0.015~0.005	0.025~0.01	0.022~0.01	0.02~0.01	0.017~0.008	0.015~0.007		

（续）

铣刀直径/mm	铣刀类型	侧吃刀量 a_e/mm								
		3	5	6	8	10	12	15	20	30
		每齿进给量 f_z/(mm/z)								
80	切断铣刀	—	—	0.03~0.15	0.027~0.012	0.025~0.01	0.022~0.01	0.02~0.01		
100	半圆、角度铣刀	0.012~0.07	0.012~0.05	0.011~0.05	0.1~0.05	0.009~0.04	0.08~0.04	0.07~0.03	0.05~0.03	—
	切断铣刀		0.03~0.02	0.029~0.018	0.028~0.016	0.027~0.015	0.023~0.015	0.022~0.012	0.023~0.013	
125	切断铣刀	—	0.03~0.025	0.03~0.02	0.03~0.02	0.025~0.02	0.025~0.02	0.025~0.015	0.02~0.01	
160		—						0.03~0.02	0.025~0.015	0.02~0.01

注: 1. 铣削铸铁、铜及铝合金时，进给量可增加 30%~40%。

2. 表中半圆铣刀的进给量适用于凸半圆铣刀；对于凹半圆铣刀，进给量应减少 40%。

3. 铣削宽度小于 5mm 时，切槽、切断铣刀采用细齿；大于 5mm 时，采用粗齿。

表 2-1-16　硬质合金面铣刀、圆柱铣刀和盘铣刀加工平面和凸台时的进给量

机床功率/kW	钢		铸铁及铜合金	
	不同牌号硬质合金的每齿进给量 f_z/(mm/z)			
	YT15	YT5	YG6	YG8
5~10	0.9~0.18	0.12~0.18	0.14~0.24	0.20~0.29
>10	0.12~0.18	0.16~0.24	0.18~0.28	0.25~0.38

注: 1. 表中数值用于圆柱铣刀背吃刀量 $a_p \leqslant 30$mm；当 $a_p > 30$mm 时，进给量应减少 30%。

2. 采用盘铣刀铣槽时，表中进给量应减少一半。

3. 采用面铣刀对称铣削时进给量取小值；不对称铣削时进给量取大值。主偏角大时进给量取小值；主偏角小时进给量取大值。

4. 加工材料的强度、硬度大时，进给量取小值，反之取大值。

5. 此表用于粗铣。精铣时，进给量按工件表面粗糙度要求选取。

表 2-1-17　硬质合金立铣刀加工平面和凸台时的进给量

铣刀类型	铣刀直径/mm	侧吃刀量 a_e/mm			
		1~3	3~5	5~8	8~12
		每齿进给量 f_z/(mm/z)			
整体立铣刀	10~12	0.03~0.025	—	—	—
	14~16	0.06~0.04	0.04~0.03	—	—
	18~22	0.08~0.05	0.06~0.04	0.04~0.03	—
镶螺旋形刀片的立铣刀	20~25	0.12~0.07	0.10~0.05	0.10~0.03	0.08~0.05
	30~40	0.18~0.10	0.12~0.08	0.10~0.06	0.10~0.05
	50~60	0.20~0.10	0.16~0.10	0.12~0.08	0.12~0.06

2. 切削速度 v_c 及进给速度 v_f 的推荐值（见表 2-1-18 ～ 表 2-1-23）

表 2-1-18　高速钢镶齿圆柱铣刀铣削钢料时的切削速度及进给速度（采用切削液）

刀具寿命 $T/\times10^3$ s	$\dfrac{d_0}{z}$	$a_p/$ mm	$a_e/$ mm	铣刀每齿进给量 $f_z/$(mm/z) 切削用量 v_c、$v_f/$(mm/s)														
				0.05		0.1		0.13		0.18		0.24		0.33		0.44	
				v_c	v_f	v_c	v_f	v_c	v_f	v_c	v_f	v_c	v_f	v_c	v_f	v_c	v_f
10.8	$\dfrac{80}{6}$	12 ~ 40	3	0.55	0.53	0.48	0.87	0.43	1.19	0.38	1.42	0.34	1.70				
			5	0.47	0.45	0.42	0.74	0.37	1.02	0.33	1.22	0.29	1.46				
			8	0.41	0.40	0.36	0.65	0.32	0.88	0.29	1.06	0.25	1.27				
		41 ~ 130	3	0.48	0.47	0.43	0.77	0.38	1.05	0.34	1.26	0.30	1.51				
			5	0.41	0.41	0.37	0.66	0.33	0.90	0.29	1.08	0.26	1.29				
			8	0.36	0.35	0.32	0.57	0.29	0.78	0.25	0.94	0.22	1.12				
	$\dfrac{100}{8}$	12 ~ 40	3	0.59	0.61	0.52	0.99	0.46	1.36	0.41	1.63	0.37	1.95				
			5	0.50	0.52	0.45	0.85	0.40	1.17	0.35	1.40	0.31	1.68				
			8	0.44	0.46	0.39	0.74	0.35	1.01	0.31	1.21	0.27	1.46				
		41 ~ 130	3	0.52	0.54	0.46	0.88	0.41	1.20	0.36	1.44	0.32	1.73				
			5	0.45	0.46	0.39	0.75	0.35	1.03	0.31	1.24	0.28	1.48				
			8	0.44	0.40	0.34	0.74	0.31	0.90	0.27	1.07	0.24	1.29				
	$\dfrac{125}{8}$	12 ~ 40	3	0.65	0.54	0.58	0.88	0.51	1.20	0.46	1.44	0.40	1.73	0.36	2.05		
			5	0.56	0.46	0.49	0.75	0.44	1.03	0.39	1.24	0.35	1.48	0.31	1.76		
			8	0.48	0.40	0.43	0.65	0.38	0.90	0.34	1.07	0.30	1.29	0.27	1.53		
			10	0.45	0.38	0.40	0.61	0.36	0.84	0.32	1.00	0.28	1.20	0.25	1.43		
		41 ~ 130	3	0.57	0.48	0.51	0.78	0.45	1.06	0.40	1.27	0.36	1.53	0.32	1.82		
			5	0.49	0.41	0.44	0.67	0.39	0.91	0.35	1.09	0.31	1.31	0.27	1.56		
			8	0.43	0.36	0.38	0.58	0.34	0.79	0.30	0.95	0.27	1.14	0.24	1.35		
			10	0.40	0.33	0.35	0.54	0.32	0.74	0.28	0.89	0.25	1.06	0.22	1.27		

（续）

铣刀每齿进给量 f_z/(mm/z)　切削用量 v_c、v_f/(mm/s)

刀具寿命 T/×10³s	$\dfrac{d_0}{z}$	a_p/mm	a_e/mm	0.05 v_c	0.05 v_f	0.1 v_c	0.1 v_f	0.13 v_c	0.13 v_f	0.18 v_c	0.18 v_f	0.24 v_c	0.24 v_f	0.33 v_c	0.33 v_f	0.44 v_c	0.44 v_f
10.8	$\dfrac{160}{10}$	12~40	3	0.71	0.53	0.63	0.94	0.56	1.28	0.50	1.54	0.44	1.84	0.39	2.19	0.35	2.65
			5	0.61	0.50	0.54	0.80	0.48	1.10	0.43	1.32	0.38	1.58	0.34	1.88	0.30	2.28
			8	0.53	0.43	0.47	0.70	0.42	0.96	0.37	1.15	0.33	1.37	0.29	1.63	0.26	1.98
			10	0.46	0.37	0.40	0.60	0.36	0.83	0.32	0.99	0.28	1.19	0.25	1.41	0.22	1.71
		41~130	3	0.63	0.51	0.56	0.83	0.50	1.14	0.44	1.36	0.39	1.63	0.35	1.94	0.31	2.35
			5	0.54	0.44	0.48	0.71	0.43	0.97	0.38	1.17	0.33	1.40	0.30	1.66	0.26	2.01
			8	0.47	0.38	0.41	0.62	0.37	0.85	0.33	1.01	0.29	1.22	0.26	1.44	0.23	1.75
			10	0.40	0.33	0.36	0.53	0.32	0.73	0.28	0.88	0.25	1.05	0.22	1.25	0.20	1.51

加工条件改变时切削用量的修正系数

钢的类型和力学性能	钢的力学性能	抗拉强度/MPa	372~431	432~500	501~579	580~686	687~785	786~912	913~1049	1050~1216
		硬度 HBW	111~126	127~146	147~169	170~200	201~228	229~266	267~306	307~354
		修正系数 $K_{Mvc}=K_{Mvf}$								
	低、中碳钢		0.92	1.05	1.17	1.0	0.87	0.75	0.57	0.43
	铬钢		—	1.32	1.09	0.85	0.69	0.57	0.46	0.37
	镍、铬钢		—	1.39	1.19	0.95	0.78	0.74	0.53	0.43
	高碳钢 锰钢 铬镍钨钢		—	—	0.80	0.82	0.69	0.60	0.52	0.45
	铬锰钢		—	—	0.83	0.70	0.61	0.52	0.46	0.39

加工条件改变时切削用量的修正系数

（续）

加工条件	项目	无外皮	轧件	锻件	有外皮		
					一般件	铸件	带砂件
毛坯表面	表面状态						
	修正系数 $K_{Svc}=K_{Svf}$	1.0	0.9	0.8	0.8~0.85		0.5~0.6
铣刀寿命	刀具实际寿命与标准寿命之比 $T_R:T$	0.25	0.5	1.0	1.5	2.0	3.0
	修正系数 $K_{Tvc}=K_{Tvf}$	1.58	1.26	1.0	0.87	0.8	0.69
加工类型	加工类型			粗加工	精加工		
	修正系数 $K_{Bvc}=K_{Bvf}$			1.0	0.8		
铣刀齿数	铣刀实际齿数与标准齿数之比 $z_R:z$	0.25	0.5	1.0	1.5	2.0	3.0
	修正系数 K_{zvc}	1.15	1.05	1.02	0.96	0.93	0.9
	修正系数 K_{zvf}	0.3	0.5	0.82	1.4	2.0	2.7

注：d_0—铣刀直径；z—铣刀齿数；a_p—背吃刀量；a_e—侧吃刀量。

表 2-1-19　高速钢细齿圆柱铣刀铣削钢料时的切削速度和进给速度（采用切削液）

刀具寿命 $T/\times 10^3$ s	$\dfrac{d_0}{z}$	a_p/mm	a_e/mm	铣刀每齿进给量 f_z（mm/z）									
				0.03		0.05		0.1		0.13		0.18	
				切削用量 v_c、v_f/（mm/s）									
				v_c	v_f	v_c	v_f	v_c	v_f	v_c	v_f	v_c	v_f
10.8	$\dfrac{50}{8}$	12~40	1.8	0.64	0.75	0.57	1.20	0.51	1.92	0.45	2.67	0.40	3.18
			3.0	0.55	0.65	0.49	1.03	0.44	1.64	0.39	2.29	0.35	2.72
			5.0	0.47	0.55	0.42	0.88	0.37	1.41	0.33	1.96	0.30	2.34
		41~75	1.8	0.57	0.67	0.51	1.06	0.45	1.70	0.40	2.36	0.36	2.81
			3.0	0.49	0.57	0.43	0.91	0.39	1.45	0.34	2.03	0.31	2.41
			5.0	0.42	0.49	0.37	0.78	0.33	1.25	0.29	1.74	0.26	2.07
	$\dfrac{63}{10}$	12~40	1.8	0.70	0.81	0.62	1.29	0.55	2.06	0.49	2.87	0.44	3.42
			3.0	0.60	0.70	0.53	1.10	0.47	1.77	0.42	2.47	0.37	2.93
			5.0	0.51	0.60	0.46	0.95	0.41	1.52	0.36	2.11	0.32	2.52
			8.0	0.45	0.52	0.40	0.82	0.35	1.32	0.31	1.84	0.28	2.19
		41~90	1.8	0.62	0.72	0.55	1.14	0.49	1.83	0.43	2.54	0.39	3.02
			3.0	0.53	0.61	0.47	0.98	0.42	1.57	0.37	2.18	0.33	2.59
			5.0	0.45	0.53	0.40	0.84	0.36	1.34	0.32	1.87	0.28	2.23
			8.0	0.30	0.46	0.35	0.73	0.31	1.17	0.28	1.62	0.25	1.93
	$\dfrac{80}{12}$	12~40	1.8	0.67	0.73	0.59	1.16	0.53	1.87	0.47	2.60	0.42	3.09
			3.0	0.57	0.63	0.51	1.00	0.45	1.60	0.40	2.23	0.36	2.65
			5.0	0.49	0.54	0.44	0.86	0.39	1.37	0.35	1.91	0.31	2.27
			8.0	0.43	0.47	0.38	0.74	0.34	1.19	0.30	1.66	0.27	1.98
		41~110	1.8	0.59	0.65	0.53	1.03	0.47	1.65	0.41	2.30	0.37	2.73
			3.0	0.51	0.56	0.45	0.88	0.40	1.42	0.36	1.97	0.32	2.34
			5.0	0.43	0.48	0.39	0.76	0.34	1.21	0.31	1.69	0.27	2.01
			8.0	0.38	0.41	0.34	0.66	0.30	1.05	0.27	1.47	0.24	1.75
	$\dfrac{100}{14}$	12~40	1.8	0.73	0.74	0.65	1.18	0.57	1.90	0.51	2.64	0.45	3.14
			3.0	0.62	0.64	0.55	1.01	0.49	1.63	0.44	2.26	0.39	2.69
			5.0	0.53	0.55	0.48	0.87	0.42	1.40	0.38	1.94	0.33	2.31
			8.0	0.46	0.48	0.41	0.76	0.37	1.21	0.33	1.69	0.29	2.01
		41~130	1.8	0.64	0.66	0.57	1.05	0.51	1.68	0.45	2.33	0.40	2.78
			3.0	0.55	0.56	0.49	0.90	0.44	1.44	0.39	2.00	0.34	2.38
			5.0	0.47	0.48	0.42	0.77	0.37	1.23	0.33	1.72	0.30	2.04
			8.0	0.41	0.42	0.37	0.67	0.32	1.07	0.29	1.49	0.26	1.78

注：表中各字母代表的意义同表 2-1-18。

表 2-1-20　高速钢镶齿圆柱铣刀铣削灰铸铁时的切削速度和进给速度

刀具寿命 $T/\times10^3$ s	$\dfrac{d_0}{z}$	$a_p/$ mm	$a_e/$ mm	铣刀每齿进给量 $f_z/$(mm/z)											
				0.06		0.15		0.2		0.27		0.36		0.49	
				切削用量 v_c、$v_f/$(mm/s)											
				v_c	v_f	v_c	v_f	v_c	v_f	v_c	v_f	v_c	v_f	v_c	v_f
10.8	$\dfrac{80}{6}$	40 ~ 70	2.8	0.43	0.41	0.36	0.82	0.31	1.27	0.26	1.43	—		—	
			3.9	0.36	0.35	0.31	0.69	0.26	1.08	0.22	1.21	—		—	
			5.6	0.30	0.29	0.26	0.58	0.22	0.90	0.18	1.01	—		—	
			8.0	0.25	0.24	0.21	0.48	0.18	0.75	0.15	0.85	—		—	
	$\dfrac{100}{8}$	40 ~ 70	2.8	0.46	0.47	0.39	0.94	0.33	1.46	0.28	1.63	—		—	
			3.9	0.39	0.40	0.33	0.79	0.28	1.24	0.23	1.39	—		—	
			5.6	0.33	0.33	0.27	0.66	0.23	1.03	0.19	1.16	—		—	
			8.0	0.27	0.28	0.23	0.55	0.19	0.86	0.16	0.97	—		—	
	$\dfrac{125}{8}$	40 ~ 70	2.8	0.54	0.44	0.45	0.88	0.38	1.36	0.32	1.53	0.27	1.72	—	
			3.9	0.46	0.37	0.38	0.74	0.32	1.16	0.27	1.30	0.23	1.46	—	
			5.6	0.38	0.31	0.32	0.62	0.27	0.96	0.23	1.08	0.19	1.22	—	
			8.0	0.32	0.26	0.27	0.52	0.23	0.81	0.19	0.90	0.16	1.02	—	
			11.5	0.27	0.22	0.23	0.43	0.19	0.67	0.16	0.75	0.13	0.85	—	
	$\dfrac{100}{10}$	40 ~ 70	2.8	0.60	0.48	0.50	0.95	0.43	1.48	0.36	1.66	0.30	1.87	0.25	2.10
			3.9	0.51	0.40	0.43	0.81	0.36	1.25	0.30	1.41	0.25	1.58	0.21	1.78
			5.6	0.42	0.34	0.36	0.67	0.30	1.05	0.25	1.17	0.21	1.32	0.18	1.49
			8.0	0.35	0.28	0.30	0.56	0.25	0.88	0.21	0.98	0.18	1.11	0.15	1.24
			11.5	0.30	0.24	0.25	0.47	0.21	0.73	0.18	0.82	0.15	0.92	0.12	1.04
			16.0	0.25	0.20	0.21	0.40	0.18	0.62	0.15	0.69	0.13	0.78	0.11	0.88

加工条件改变时切削用量的修正系数

铸铁	硬度 HBW	< 157	157 ~ 178	179 ~ 202	203 ~ 224	
	修正系数 $K_{Mvc} = K_{Mvf}$	1.25	1.12	1.0	0.9	

铣刀寿命	刀具实际寿命与标准寿命之比 $T_R:T$	0.25	0.5	1.0	1.5	2.0	3.0
	修正系数 $K_{Tvc} = K_{Tvf}$	1.41	1.19	1.0	0.9	0.84	0.84

毛坯表面	表面状态	无外皮件	有外皮件	
			一般件	带砂件
	修正系数 $K_{Svc} = K_{Svf}$	1.0	0.8 ~ 0.85	0.5 ~ 0.6

（续）

加工条件改变时切削用量的修正系数

加工类型	加工类型		粗加工				精加工		
	修正系数 $K_{Bvc} = K_{Bvf}$		1.0				0.8		
铣刀齿数	实际齿数与标准齿数之比 $z_R : z$		0.25	0.5	0.8	1.0	1.5	2.0	3.0
	修正系数	K_{zvc}	1.5	1.2	1.07	1.0	0.9	0.8	0.7
		K_{zvf}	0.4	0.6	0.85	1.0	1.35	1.62	2.1

注：表中各字母代表的意义同表 2-1-18。

表 2-1-21　高速钢细齿圆铣刀铣削灰铸铁时的切削速度和进给速度

刀具寿命 $T/ \times 10^3 s$	$\dfrac{d_0}{z}$	a_p/mm	a_e/mm	铣刀每齿进给量 f_z/（mm/z）					
				0.06		0.15		0.20	
				切削用量 v_c/（m/s）、v_f/（mm/s）					
				v_c	v_f	v_c	v_f	v_c	v_f
7.2	$\dfrac{50}{8}$	40~70	1.4	0.44	0.90	0.39	1.82	0.32	2.80
			2.0	0.37	0.76	0.31	1.52	0.26	2.35
			2.8	0.31	0.64	0.26	1.29	0.22	1.98
			3.9	0.27	0.54	0.22	1.09	0.19	1.68
			5.6	0.22	0.45	0.19	0.91	—	—
	$\dfrac{63}{10}$	40~70	1.4	0.49	0.99	0.41	1.99	0.35	3.06
			2.0	0.41	0.83	0.34	1.66	0.29	2.56
			2.8	0.35	0.70	0.29	1.41	0.25	2.16
			3.9	0.29	0.59	0.25	1.19	0.21	1.83
			5.6	0.24	0.49	0.20	0.99	—	—
			8.0	0.20	0.41	0.17	0.83	—	—
10.8	$\dfrac{80}{12}$	40~70	1.4	0.49	0.94	0.41	1.90	0.35	2.92
			2.0	0.41	0.79	0.35	1.59	0.29	2.44
			2.8	0.35	0.67	0.29	1.34	0.25	2.07
			3.9	0.30	0.56	0.25	1.14	0.21	1.75
			5.6	0.25	0.47	0.21	0.95	0.18	1.46
			8.0	0.21	0.39	0.17	0.79	0.15	1.22
	$\dfrac{100}{14}$	40~70	1.4	0.55	0.98	0.46	1.98	0.39	3.04
			2.0	0.46	0.82	0.39	1.66	0.33	2.55
			2.8	0.39	0.69	0.33	1.40	0.28	2.15
			3.9	0.33	0.59	0.28	1.19	0.24	1.82
			5.6	0.28	0.49	0.23	0.99	0.20	1.52
			8.0	0.23	0.41	0.19	0.83	0.16	1.27

表 2-1-22　YT15硬质合金面铣刀铣削碳钢、铬钢及镍铬钢时的切削速度和进给速度

刀具寿命 $T/\times10^3$ s	d_0/z	a_p/mm	0.07 v_c	0.07 v_f	0.1 v_c	0.1 v_f	0.13 v_c	0.13 v_f	0.18 v_c	0.18 v_f	0.24 v_c	0.24 v_f	0.33 v_c	0.33 v_f
	100 / 4	1.5	3.81	3.64	3.39	4.32	2.89	5.51	2.57	6.55	2.31	7.71	2.06	9.17
		5.0	3.38	3.22	3.01	3.83	2.56	4.89	2.28	5.81	2.05	6.84	1.82	8.13
10.8	125 / 4	1.5	3.81	2.33	3.39	2.77	2.89	3.53	2.57	4.19	2.31	4.94	2.06	5.37
		5.0	3.38	2.06	3.01	2.45	2.56	3.13	2.28	3.72	2.05	4.38	1.82	5.20
	160 / 6	5	3.38	2.42	3.01	2.87	2.56	3.67	2.28	4.36	2.05	5.13	1.82	6.09
		16	3.01	2.15	2.68	2.55	2.28	3.26	2.03	3.88	1.82	4.57	1.62	5.43
	200 / 8	5	3.19	2.44	2.84	2.89	2.42	3.69	2.15	4.39	1.93	5.16	1.72	6.14
14.4		16	2.84	2.17	2.53	2.58	2.15	3.29	1.92	3.91	1.72	4.60	1.53	5.46
	250 / 8	5	3.19	1.95	2.84	2.32	2.42	2.95	2.15	3.51	1.93	4.13	1.72	4.91
		16	2.84	1.73	2.53	2.06	2.15	2.63	1.72	3.12	1.72	3.68	1.53	4.37
18	315 / 10	5	3.05	1.85	2.72	2.20	2.31	2.80	2.06	3.33	1.85	3.92	1.65	4.66
		16	2.71	1.65	2.42	1.96	2.06	2.49	1.83	2.96	1.64	3.49	1.47	4.15
25.2	400 / 12	5	2.85	1.63	2.54	1.94	2.16	2.48	1.93	2.94	1.73	3.46	1.54	4.12
		16	2.54	1.45	2.26	1.73	1.92	2.20	1.71	2.62	1.54	3.08	1.37	3.66

加工条件改变时切削用量的修正系数

铣削宽度与铣刀直径之比	比值 $a_e:d_0$	<0.45		0.45~0.8		>0.8		
	修正系数 $K_{aevc}=K_{aevf}$	1.13		1.0		0.89		

主偏角	主偏角 κ_r/(°)	90	60	45	30	15	
	修正系数 $K_{\kappa rvc}$	0.87	1.0	1.1	1.25	1.6	
	$K_{\kappa rvf}$	0.65	1.0	1.1	1.65	3.1	

铣刀实际齿数与标准齿数之比	比值 $z_R:z$	0.25	0.5	0.8	1.0	1.5	2.0	3.0
	修正系数 K_{zvc}	1.0						
	K_{zvf}	0.25	0.5	0.8	1.0	1.5	2.0	3.0

注：表中各字母代表的意义同表2-1-18。

表 2-1-23　YG6 硬质合金面铣刀铣削灰铸铁时的切削速度和进给速度

刀具寿命 $T/\times10^3\,s$	$\dfrac{d_0}{z}$	a_p /mm	铣刀每齿进给量 $f_z/(mm/z)$												
			0.1		0.13		0.18		0.26		0.36		0.5		0.7	
			切削用量 v_c、$v_f/(mm/s)$													
			v_c	v_f	v_c	v_f	v_c	v_f	v_c	v_f	v_c	v_f	v_c	v_f	v_c	v_f
10.8	$\dfrac{80}{10}$	1.5	2.07	6.59	1.84	8.20	—	—	—	—	—	—	—	—	—	—
		3.5	1.82	5.81	1.62	7.22	—	—	—	—	—	—	—	—	—	—
		7.5	1.63	5.18	1.45	6.44	—	—	—	—	—	—	—	—	—	—
	$\dfrac{100}{10}$	1.5	2.07	5.27	1.84	6.56	1.64	8.17	—	—	—	—	—	—	—	—
		3.5	1.82	4.64	1.62	5.78	1.44	7.20	—	—	—	—	—	—	—	—
		7.5	1.63	4.14	1.45	5.16	1.28	6.40	—	—	—	—	—	—	—	—
	$\dfrac{125}{12}$	1.5	2.07	5.06	1.84	6.30	1.64	7.85	1.45	9.77	—	—	—	—	—	—
		3.5	1.82	4.46	1.62	5.55	1.44	6.91	1.28	8.61	—	—	—	—	—	—
		7.5	1.63	3.98	1.45	4.95	1.28	6.16	1.14	7.68	—	—	—	—	—	—
	$\dfrac{160}{14}$	1.5	2.07	4.61	1.84	5.74	1.64	7.15	1.45	8.91	1.29	11.13	—	—	—	—
		3.5	1.82	4.06	1.62	5.06	1.44	6.30	1.28	7.84	1.14	9.80	—	—	—	—
		7.5	1.63	3.62	1.45	4.51	1.28	5.62	1.14	7.00	1.01	8.74	—	—	—	—
14.4	$\dfrac{200}{16}$	1.5	1.89	3.85	1.68	4.79	1.49	5.96	1.33	7.43	1.18	9.28	1.05	11.48	—	—
		3.5	1.66	3.39	1.48	4.22	1.31	5.25	1.17	6.54	1.04	8.17	0.92	10.11	—	—
		7.5	1.48	3.02	1.32	3.76	1.17	4.69	1.04	5.83	0.92	7.29	0.82	9.02	—	—
	$\dfrac{250}{20}$	3.5	1.66	3.39	1.48	4.22	1.31	5.25	1.17	6.54	1.04	8.17	0.92	10.11	0.82	12.50
		7.5	1.48	3.02	1.32	3.76	1.17	4.69	1.04	5.83	0.92	7.29	0.82	9.02	0.73	11.15
		16	1.32	2.70	1.18	3.36	1.05	4.18	0.93	5.21	0.82	6.51	0.74	80.5	0.66	9.95
18	$\dfrac{315}{22}$	3.5	1.55	2.75	1.38	3.43	1.22	4.27	1.09	5.32	0.96	6.64	0.86	8.22	0.77	10.16
		7.5	1.38	2.46	1.23	3.06	1.09	3.81	0.97	4.74	0.86	5.93	0.77	7.33	0.68	9.06
		16	1.23	2.19	1.10	2.73	0.97	3.40	0.87	4.24	0.77	5.29	0.68	6.54	0.61	8.09
25.2	$\dfrac{400}{28}$	3.5	1.39	2.48	1.24	3.09	1.10	3.84	0.98	4.78	0.87	5.98	0.77	7.40	0.69	9.14
		7.5	1.24	2.21	1.10	2.75	0.98	3.43	0.87	4.27	0.77	5.33	0.69	6.60	0.61	8.16
		16	1.11	1.97	0.98	2.46	0.87	3.06	0.78	3.81	0.69	4.76	0.61	5.89	0.55	7.28

加工条件改变时切削用量的修正系数

铸铁	硬度 HBW	<150	151~164	164~181	182~199	200~219	220~240
	修正系数 $K_{Mvc}=K_{Mvf}$	1.42	1.26	1.12	1.0	0.89	0.79
刀具实际寿命与标准寿命之比	比值 $T_R:T$	0.5	1.0	1.5	2.0	3.0	4.0
	修正系数 $K_{Tvc}=K_{Tvf}$	1.25	1.0	0.88	0.8	0.7	0.64

（续）

硬质合金	牌号	YG8		YG6		YG3
	修正系数 $K_{Tvc}=K_{Tvf}$	0.83		1.0		1.15
毛坯表面	表面状态	无外皮		有外皮		
				一般件		带砂件
	修正系数 $K_{Svc}=K_{Svf}$	1.0		0.8~0.85		0.5~0.6
铣削宽度与铣刀直径之比	比值 $a_e:d_0$	<0.45		0.45~0.8		>0.8
	修正系数 $K_{aevc}=K_{aevf}$	1.13		1.0		0.89

主偏角	主偏角 $\kappa_r/(°)$	90	60	45	30	15
	修正系数 K_{Krvc}	0.87	1.0	1.1	1.25	1.6
	K_{Krvf}	0.65	1.0	1.1	1.65	3.1

铣刀实际齿数与标准齿数之比	比值 $z_R:z$	0.25	0.5	0.8	1.0	1.5	2.0	3.0
	K_{zvc} 修正系数	1.0						
	K_{zvf}	0.25	0.5	0.8	1.0	1.5	2.0	3.0

注：表中各字母代表的含义同表2-1-18。

3. 涂层硬质合金铣刀的铣削用量（见表2-1-24）

表2-1-24　涂层硬质合金铣刀的铣削用量

加工材料		硬度 HBW	吃刀量/mm	面 铣 刀		三面刃铣刀	
				每齿进给量 $f_z/(mm/z)$	切削速度 $v_c/(mm/z)$	每齿进给量 $f_z/(mm/z)$	切削速度 $v_c/(mm/z)$
碳钢	低碳钢	125~225	1	0.2	4.58~5.83	0.13	3.42~4.17
			4	0.3	3.33~3.75	0.18	2.42~2.83
			8	0.4	2.67~2.92	0.23	1.92~2.25
	中碳钢	175~225	1	0.2	4.25	0.13	3.17
			4	0.3	3.17	0.18	2.33
			8	0.4	2.50	0.23	1.83
	高碳钢	175~225	1	0.2	4.08	0.13	3.08
			4	0.3	3.00	0.18	2.25
			8	0.4	2.33	0.23	1.75

（续）

加工材料		硬度 HBW	吃刀量/mm	面 铣 刀		三面刃铣刀	
				每齿进给量 $f_z/(mm/z)$	切削速度 $v_c/(mm/z)$	每齿进给量 $f_z/(mm/z)$	切削速度 $v_c/(mm/z)$
合金钢	低碳钢	175~225	1	0.2	4.33~5.08	0.13	3.33~3.83
			4	0.3	3.42~3.75	0.18	2.25~2.83
			8	0.4	2.58~2.92	0.23	1.92~2.17
	中碳钢	175~225	1	0.2	4.17	0.13	3.17
			4	0.3	2.92	0.18	2.17
			8	0.4	2.25	0.23	1.67
	高碳钢	175~225	1	0.2	3.92	0.13	2.92
			4	0.3	2.67	0.18	2.00
			8	0.4	2.00	0.23	1.50
高强度钢		300~350	1	0.2	3.08	0.102	2.25
			4	0.3	2.00	0.13	1.50
			8	0.4	1.58	0.15	1.17
高速钢		200~275	1	0.2	2.25~2.50	0.102	1.67~1.92
			4	0.3	1.45~1.67	0.15	1.10~1.27
			8	0.4	1.12~1.32	0.20	0.83~0.98
奥氏体不锈钢		135~185	1	0.2	3.33~3.58	0.13	2.17~3.08
			4	0.3	2.17~2.42	0.18	1.40~2.00
			8	0.4	1.67~1.75	0.23	1.07~1.58
马氏体不锈钢		135~225	1	0.2	3.92~4.08	0.13	2.50~2.67
			4	0.3	2.50~2.67	0.18	1.67~1.75
			8	0.4	1.67~1.92	0.23	1.07~1.20
灰铸铁		190~260	1	0.2	2.92~3.33	0.102	2.42~2.50
			4	0.3	2.17~2.58	0.15	1.50~1.67
			8	0.4	1.67~2.00	0.20	1.22~1.32
可锻铸铁		160~200	1	0.2	4.17	0.13	3.58
			4	0.3	2.75	0.18	2.92
			8	0.4	2.17	0.23	2.75

五、铣削常用量具及选择

1. 测量的一般概念

测量是将某一被测的物理量与另一个作为标准的物理量相比较的过程。测量需要根据被测的物理量的实际情况，选择不同的测量器具与测量方法。

（1）测量器具的分类　测量器具是测量仪器（简称量仪）和测量工具（简称

量具）的总称。根据测量器具的特点可分为四类，见表 2-1-25。

表 2-1-25 测量器具的分类

分类	说 明
标准量具	按基准复制出来的代表一个固定尺寸的量具（也称为定值量具），它可用来校对和调整其他测量器具或作精密测量用，例如量块、角度量块、直角尺等
通用量具和量仪	通用量具和量仪可用来测量一定范围的任一值。它又可分为： 1. 固定刻线量具，例如钢直尺、钢卷尺等 2. 游标量具，例如游标卡尺、游标深度卡尺、游标万能角度尺等 3. 螺旋测微量具，例如千分尺、深度千分尺、螺纹千分尺、公法线千分尺等 4. 机械式测微仪，例如百分表、千分表、杠杆百分表、杠杆千分表、杠杆齿轮比较仪、扭簧比较仪等 5. 光学量仪，例如立式和卧式光学计、立式和万能测长仪、投影仪、显微镜、干涉仪、光学分度头等 6. 气动量仪，例如水柱式和浮标式气动量仪 7. 电动量仪，例如电接触式量仪、电感式量仪、电容式量仪、充电式量仪等
极限量规	为无刻度的专用量具，它只能用来检验工件是否合格，不能测量工件的实际尺寸，例如光滑极限量规、螺纹量规、键槽量规、花键量规等
计量装置	为确保被测量值所必需的计量器具和辅助设备的总体

（2）测量的分类　测量的分类方法较多，常见的分类方法见表 2-1-26。

表 2-1-26 测量的分类

分类方法		说 明
按获得被测结果的方法分类	直接测量	能直接从量具、量仪的读数装置上读到被测量的数值（绝对值或偏差值）
	间接测量	先测量与被测量有一定函数关系的其他量，再根据测量结果计算出被测量的数值
按测量结果的读数值分类	绝对测量	能从量具和量仪上直接读出被测量的绝对值
	相对测量	先用标准量具调整量具或量仪，然后测量被测量相对标准量的偏差，获得的数值是被测量与标准量的比较值
按零件被测表面是否与量具测头接触分类	接触测量	零件被测表面与量具或量仪测头接触，表面间存在机械作用的测量力
	非接触测量	零件被测表面与量具或量仪测头不接触，表面间不存在测量力
按同时能测量参数的数目分类	单项测量	每次只对被测的一个参数进行测量
	综合测量	能同时测量零件的几个参数（但不能测出单个参数的实际值），从而来判断零件是否合格

（3）测量器具的主要度量指标　测量器具的主要度量指标见表 2-1-27。

表 2-1-27　测量器具的主要度量指标

名　称	说　明
标尺间距	标尺间距是指刻度标尺上相邻两条刻线间的距离
分度值	分度值是指刻度标尺上最小的一格所代表被测尺寸的数值
示值范围	示值范围是指在刻度标尺范围内所显示或指示的起始值与终止值的范围
测量范围	测量范围就是量具（或量仪）所能测出被测尺寸的最大值与最小值
放大比	放大比是仪器的指针或刻度尺的移动量和引起此移动量的被测尺寸变动量之比。显然，这个比值就等于标尺间距与分度值之比
示值误差	测量时量具（或量仪）所指示的数值与被测尺寸真值之差
灵敏度	能够引起仪器示值发生变化的被测尺寸的最小变动量称为该仪器的灵敏度
测量力	测量力是指量具（或量仪）的测量装置与被测工件表面接触时产生的机械力
测量的重复性	在相同的测量条件下，对同一被测量做连续多次测量时，其测量结果的一致程度

（4）测量误差　测量误差是指所测得的量值与被测尺寸的真值之差。测量误差的分类及引起误差的原因见表 2-1-28。

表 2-1-28　测量误差的分类及引起误差的原因

分类	说　明	引起误差的原因
系统误差	在相同的条件下，重复测量同一量值时，误差的大小和方向保持不变，或当条件改变时，误差按一定的规律变化，这种误差可在测量结果中修正或改善测量的方法予以消除	1. 测量器具刻度不准确 2. 校正测量器具所使用的校正工具（例如量棒、量规）有误差 3. 测量时环境温度引起的变化
随机误差	在相同的条件下重复测量同一量值时，误差的大小和方向都是变化的而且没有确定的规律，因而这种误差无法从测量结果中修正或消除	1. 测量器具各部分的间隙变形等引起的误差 2. 测量时测量力的变化 3. 读数时判断上的误差
粗大误差	由于测量时疏忽大意或环境条件的突变所造成的误差	1. 测量方法不正确 2. 读数错、计算错 3. 测量器具由于某些原因，其内部已丧失精度而引起的误差

（5）铣工常用的测量器具　在铣削加工过程中，铣工经常要对工件的长度、角度、平面度、直线度等尺寸、形状或位置精度进行测量，因此，铣工常用的测量器具有游标量具、千分尺、机械式测微仪、角度量具等。

① 游标量具见表 2-1-29。

② 千分尺见表 2-1-30。

③ 机械式测微仪见表 2-1-31。

表 2-1-29 游标量具

(单位: mm)

名称	简图	测量范围	分度值			用途
			0.02	0.05	0.10	
			示值范围			
游标卡尺	 1—尺身 2—尺身测量爪 3—游标测量爪 4—尺框 5—游标 6—紧固螺钉 7—微动装置	0~125	±0.02	±0.05	±0.10	根据卡尺结构不同，分别用于测量工件的内外尺寸、深度、台阶以及高度尺寸等
		0~150	±0.02	±0.05	±0.10	
		0~200	±0.02	±0.05	±0.10	
		0~300	±0.02	±0.05	±0.10	
		0~500	±0.04	±0.07	±0.10	
		0~600	±0.06	±0.10	±0.15	
		0~1000	±0.06	±0.10	±0.15	
		0~1500	—	±0.15	±0.20	
		0~2000	—	±0.20	±25	

（续）

名称	简　图	测量范围	分　度　值			用　途
			0.02	0.05	0.10	
			示值范围			
游标深度卡尺	1—尺身　2—游标　3—尺框	0~200	±0.02	±0.05	±0.10	用于测量工件的深度尺寸、台阶高度或类似的尺寸等
		0~300	±0.02	±0.05	±0.10	
		0~500	±0.04	±0.07	±0.10	

（续）

名称	简图	测量范围	分度值			用途
			0.02	0.05	0.10	
			示值范围			
游标高度卡尺	 1—底座 2—尺身 3—尺框 4—微动装置 5—游标 6—框架 7—量爪	0~200	±0.02	±0.05	±0.10	用于测量工件的高度尺寸和精密划线等
		0~300	±0.02	±0.05	±0.10	
		0~500	±0.04	±0.07	±0.10	
		0~1000	±0.06	±0.10	±0.15	

表 2-1-30　千分尺　　　　　　　　　　　　（单位：mm）

名称	简图	测量范围	分度值	示值误差		用途
				0级	1级	
外径千分尺	 0.01mm 0~25mm 1—尺架　2—砧座　3—固定套管　4—测微螺杆 5—微分筒　6—调节螺母　7—胀圈　8—压盖 9—测力装置　10—锁紧装置　11—绝热板	0~25		±0.002	±0.004	用于测量精密工件的外径尺寸
		25~50		±0.002	±0.004	
		50~75		±0.002	±0.004	
		75~100		±0.002	±0.004	
		100~125			±0.005	
		125~150			±0.005	
		150~175			±0.006	
		175~200			±0.006	
		200~225			±0.007	
		225~250	0.01		±0.007	
		250~275			±0.007	
		275~300			±0.007	
		300~400			±0.008	
		400~500			±0.010	
		500~600			±0.012	
		600~700			±0.014	
		700~800			±0.016	
		800~900			±0.018	
		900~1000			±0.020	
内径千分尺	 1—微分筒　2—连接杆　3—测量头	50~125			±0.006	用于测量精密工件的内径尺寸
		125~200			±0.009	
		200~325	0.01		±0.012	
		325~500			±0.015	
		500~800			±0.020	
		800~1250			±0.025	

（续）

名称	简图	测量范围	分度值	示值误差		用途
				0级	1级	
深度千分尺	1—测量杆 2—底板 3—微分筒 4—测力装置 5—固定套管 6—锁紧装置	0~25	0.01		±0.004	用于测量精密工件的孔深、台阶尺寸等
		0~50			±0.004	
		0~100			±0.004	
		0~150			±0.005	
千分尺	1—固定量爪 2—活动量爪 3—固定套管 4—微分筒	5~30	0.01		±0.008	用于测量孔径和槽宽尺寸
		30~50			±0.008	

53

表 2-1-31　机械式测微仪　　　　　（单位：mm）

名称	简　图	测量范围	分度值	示值误差		用　途
				0 级	1 级	
百分表	1—表圈　2—指针 3—表盘　4—套筒 5—量杆　6—测量头	0～3	0.01	0.009	0.014	用于测量各种几何形状、相互位置尺寸以及位移量，并可作比较法测量
		0～5		0.010	0.017	
		0～10		0.014	0.021	
		0～30				
		0～50				
千分表		0～1	0.001	0.004	0.006	用于精密测量工件尺寸和几何形状
		0～2			0.010	
杠杆百分表	1—夹持柄　2—指针 3—表盘　4—表体 5—测量头	0～0.8	0.01		0.012	除具有普通百分表的作用外，它特别适于测量受空间限制的工件，例如内孔跳动量、键槽、导轨的直线度等

（续）

名称	简　图	测量范围	分度值	示值误差		用　途
				0 级	1 级	
杠杆千分表	1—夹持柄　2—指针 3—表盘　4—表体 5—测量头	0～0.2	0.001		0.002	与杠杆百分表的用途相似，它更适于进行精密测量
内径百分表	1—表体　2—锁母 3—隔热套　4—直管 5—定位器　6—主体 7—固定测量头	6～10 10～18 18～35 35～50 50～100	0.01			用于比较测量法，测量工件的内孔尺寸及其几何形状的正确性

④ 角度测量量具。常用的角度测量量具有角度尺、直角尺和正弦规等，见表 2-1-32～表 2-1-34。

表 2-1-32　角度尺

名称	简　图	测量范围	分度值	用　途
游标万能角度尺		0°～320°	2′	用于测量工件或样板的内、外角度
			5′	
带表角度尺		4×90°	2′	用于测量工件任意角度。与万能角度尺相比，它具有测量范围大、使用灵巧、方便等优点
			5′	
		0°～360°	5′	

表 2-1-33　直角尺

名称	简　图	规格尺寸 $(H \times B \times a)$ /mm	在长边上的垂直度 公差/μm		用　途
			0 级	1 级	
刀口形直角尺		50×32×3	3	6	用于检验样板及其他精密工件的直角
		63×40×3			
		80×50×4			
		100×63×10	3.5	7	
		125×80×5	3	8	
		160×100×5	4		
		200×125×5	4.5	9	
宽座直角尺		63×40×7	3	6	用于检验工件表面位置及设备安装时相互位置的垂直度误差
		80×50×8.5	3	7	
		100×63×10	3.5		
		125×80×10	4	8	
		160×100×15			
		200×125×17	4.5	9	
		250×160×17	5	10	
		315×200×22	6	11	

（续）

名称	简图	规格尺寸 $(H \times B \times a)$ /mm	在长边上的垂直度 公差/μm		用途
			0 级	1 级	
圆柱直角尺		规格尺寸 $(D \times L)$ /mm			用于检验各种工件的垂直度误差
		$\phi70 \times 125$	3.5		
		$\phi70 \times 160$	4		
		$\phi70 \times 200$	4.5		
		$\phi80 \times 250$	5		
		$\phi90 \times 315$	6		
		$\phi110 \times 500$	8		

表 2-1-34　正弦规

名称	简图	规格尺寸 $(L \times B \times H \times d)$/mm	中心矩 L 的极限偏差	用途
窄型正弦规	窄式	$100 \times 25 \times 30 \times 20$	±0.002	
		$200 \times 40 \times 55 \times 30$	±0.003	正弦规借助于其他仪器，适用于测量精密工件或量规的角度
宽型正弦规	宽式	$100 \times 80 \times 40 \times 20$	±0.003	
		$200 \times 150 \times 65 \times 30$	±0.005	

⑤ 其他量具、量仪。铣工常用的其他量具、量仪有塞尺、量块、表面粗糙度比较样块、表座和水平仪等，分别见表 2-1-35 ~ 表 2-1-39。

表 2-1-35 塞尺　　　　　　　　　　　　　　　　　（单位：mm）

组别	公称长度	塞尺片的厚度系列	片数	用途
1	100	0.02；0.03；0.04；0.05；0.06；0.07；0.08；0.09；0.10	10	主要用于检验两个工件平面之间的间隙
2	100	0.02；0.03；0.04；0.05；0.06；0.07；0.08；0.09；0.10；0.15；0.20；0.25；0.30；0.35；0.40；0.45；0.50	21	
3	100 150	0.02；0.03；0.04；0.05；0.06；0.07；0.08；0.09；0.10；0.15；0.20；0.25；0.30；0.35；0.40；0.45；0.50	17	
4	200 300	0.05；0.06；0.07；0.08；0.09；0.10；0.15；0.20；0.25；0.30；0.40；0.50；0.75；1.00	21	

表 2-1-36 量块

产品名称	套别	总块数（规格）	单位
量块 （GB/T6093—2001）	1	91 块组	组
	2	83 块组	
	3	46 块组	
	4	38 块组	
	5	负 10 块组	
	6	正 10 块组	
	9	大 8 块组	
	11[①]	10 块组	
	12[①]	10 块组	
	13[①]	10 块组	
	14[①]	10 块组	
	15[②]	12 块组	

（续）

产品名称	套　别	总块数（规格）	单　位
量块 （GB/T6093—2001）		600 700 800 900 1000	块
	16 17	6 块组 6 块组	组

① 为千分尺专用量块。

② 为卡尺专用量块。

表 2-1-37　表面粗糙度比较样块

产品名称	组　别	制造方法	表面粗糙度 Ra 值/μm
表面粗糙度比较样块 （GB/T6060.2—2006）	单组式 双组式 组合式	平铣 立铣 机研 手研	6.3~0.8 6.3~0.8 0.10~0.12 0.10~0.12
	四组 16 块	立铣	0.8~6.3
	七组 27 块	立铣 平铣 研磨	6.3~0.8 6.3~0.8 0.1~0.025
	六组 24 块	立铣 平铣	6.3~0.8 6.3~0.8

表 2-1-38　表座

产品名称	型号	主要技术数据	用　途
万能表座	WZ—220	测量表装夹孔径 8mm 表杆最大升高量 230mm 表杆最大伸长量 220mm	在装夹百分表或千分表后，适用于在平板上对各种工件的形状、位置进行检测
	WZ—22	测量表装夹孔径 8mm	

（续）

产品名称	型号	主要技术数据	用　途
带微调万能表座	WWZ—15	夹表孔直径8mm 表杆最大伸长量150mm	在装夹百分表或千分表后，适用于在平板上对各种工件的形状、位置进行检测 特点：参照德国产品，梯形底座，刚性好
	WWZ—22	夹表孔直径8mm 表杆最大伸长量220mm	在装夹百分表或千分表后，适用于在平板上对各种工件的形状、位置进行检测 特点：参照瑞士产品，表架部分可移动，测量范围大，立柱与连杆调整时互不干扰
	WWZ—220	夹表孔直径8mm 表杆最大升高量230mm 表杆最大伸长量220mm 表座微调量>2mm	在装夹百分表或千分表后，适用于在平板上对各种工件的形状、位置进行检测
磁性表座	CZ—6A	工作磁力588N 夹表孔直径8mm	底座内装有高性能的永久磁钢，可牢固地吸附在任何导磁体的光滑平面或圆柱面上。夹持百分表或千分表后，可广泛应用于机床设备及零部件形状、位置的精密测定与检验 特点：侧向立柱式
	CZ6—A	工作磁力588N 夹表孔直径8mm	
	CZ—6B	工作磁力588N 夹表孔直径8mm	底座内装有高性能的永久磁钢，可牢固地吸附在任何导磁体的光滑平面或圆柱面上。夹持百分表或千分表后，可广泛应用于机床设备及零部件形状、位置的精密测定与检验 特点：参照日本产品，中间立柱式
	CZB6		底座内装有高性能的永久磁钢，可牢固地吸附在任何导磁体的光滑平面或圆柱面上。夹持百分表或千分表后，可广泛应用于机床设备及零部件形状、位置的精密测定与检验
	CZ—2	工作磁力147N	底座内装有高性能的永久磁钢，可牢固地吸附在任何导磁体的光滑平面或圆柱面上。夹持百分表或千分表后，可广泛应用于机床设备及零部件形状、位置的精密测定与检验 特点：参照美国样品，塑体结构，体积小，无开关装置，夹持带耳环表

（续）

产品名称	型号	主要技术数据	用　　途
磁性表座	CZ—6A（特）	工作磁力 588N	适用于光学、机械、仪器仪表、电焊等作磁性基座 特点：基座上带有连接螺孔以供安装
	CZG—1	工作磁力 588N	适用于加工件的装卸、测量定位 特点：参照日本同类产品
	CZG—2	工作磁力 1176N	适用于加工件的装卸、测量定位 特点：工作磁力大
	CZG—3	工作磁力 588N	适用于加工件的装卸、测量定位 特点：外形美观
	CZG—4	工作磁力 784N	适用于加工件的装卸、测量定位
	CZ3—1	工作磁力 >343N 夹表孔直径 8mm 表杆最大升高量 190mm 表杆最大伸长量 170mm	适用于加工件的装卸、测量定位 特点：单 V 形面
	CZ6—1	工作磁力 >588N 其他同 CZ3-1	
	CZ7—1	工作磁力 >735N	特点：采用软轴支柱，操作方便
带微调磁力表座	WCZ—6A		适用于加工件的装卸、测量定位
	WCZ—6B	工作磁力 588N 夹表孔直径 8mm	适用于加工件的装卸、测量定位 特点：引进日本技术，支架部分采用万向节，能 360°回转
	WCZ—6C		适用于加工件的装卸、测量定位
	WCZ—6D		特点：参照美国 ENCO 产品，微调量大
	WCZ—3	工作磁力 294N 夹表孔直径 8mm	适用于加工件的装卸、测量定位
	WCZ—8	工作磁力 784N 夹表孔直径 8mm	适用于加工件的装卸、测量定位
	WCZ—10	工作磁力 980N 夹表孔直径 8mm	适用于加工件的装卸、测量定位 特点：测量范围大，适用于大型机件校正和测量

（续）

产品名称	型号	主要技术数据	用　途
带微调磁力表座	WCZ—12	工作磁力 1176N 夹表孔直径 8mm	适用于加工件的装卸、测量定位 特点：工作磁力大，底座尺寸大，适用于超高、超长测量
	WZ3—Ⅰ	工作磁力 >343N 夹表孔直径 8mm 表杆最大升高量 190mm 表杆最大伸长量 170mm	适用于加工件的装卸、测量定位
	WZ6—Ⅰ	工作磁力 >588N 其余同 WZ3—Ⅰ	适用于加工件的装卸、测量定位
	WZ6—Ⅱ	工作磁力 >588N 其余同 WZ3—Ⅰ	适用于加工件的装卸、测量定位 特点：带 V 形面
	CZB6—Ⅰ	工作磁力 >588N 夹表孔直径 8mm	适用于加工件的装卸、测量定位
	CZ7—Ⅱ	工作磁力 >735N 夹表孔直径 8mm	适用于加工件的装卸、测量定位 特点：可带划线装置
	CZ9—Ⅰ	工作磁力 >588N 夹表孔直径 8mm	
	CZ900—300 CZ900—301	工作磁力 >392N 夹表孔直径 8mm	

表 2-1-39　水平仪

名　称	简　图	型号规格	分度值/mm	用　途
框式水平仪 （SK）		SK100×100	0.02～0.05	用于检验各种机床以及设备导轨的直线度、机件相对位置的平行度以及设备安装时的水平位置误差，它还可以测量工件的微小倾角
		SK150×150		
		SK200×200		
		SK250×250		
		SK300×300		
条式水平仪 （ST）		ST100	0.02～0.3	
		JS150	0.02～0.5	
		ST，JS200		
		ST250	0.02～0.3	
		ST300		

2. 量具的选择

量具的选择原则如下：

① 保证测量的准确性。计量器具的性能指标是选用计量器具的主要依据，性能指标中以示值误差、示值变动性和回程误差为主。

② 根据加工方法、批量和数量选择计量仪器。批量生产以专用量具、量规和专用仪器为主。大批量生产选用高效率的机械化、自动化的专用测量仪器。

③ 根据零件的结构、特性、大小、形状、质量、材料、刚性和表面粗糙度选用计量器具。

④ 根据零件所处的状态和条件选择计量仪器。如现代机器制造业生产自动化，要求测量自动化；动态测量要比静态测量复杂。

常用量具及被测工件的公差等级见表 2-1-40。表 2-1-41 为根据被测工件的尺寸公差所推荐的量具，供选用时参考。

表 2-1-40　常用量具及被测工件的公差等级

量 具 名 称		被测工件的公差等级（IT）
游标卡尺	分度值 0.02mm 的游标卡尺	6 ~ 10
	分度值 0.05mm 的游标卡尺	7 ~ 10
	分度值 0.10mm 的游标卡尺	10
千分尺	0 级千分尺	2、3
	1 级千分尺	3、4
	2 级千分尺	4、5、6
	分度值 0.002mm 的杠杆千分尺	1
百分表	0 级百分表	2、3
	1 级百分表	3、4、5
千分表	分度值 0.002mm 的千分表	1、2、3
	分度值 0.001mm 的千分表	1、2

表 2-1-41　推荐的量具

被测工件尺寸公差/mm	选用量具名称
0.005 ~ 0.015	杠杆千分尺（用相对量法）
0.015 ~ 0.03	千分尺、百分表
0.03 ~ 0.10	百分表、分度值 0.02mm 的游标卡尺
0.10 ~ 0.35	分度值 0.02mm、0.05mm 的游标卡尺
0.35 以上	分度值 0.10mm 的游标卡尺

第二章

铣削原理与铣刀

　　金属切削过程是工件和刀具相互作用的过程。在这一过程中，刀具与工件要产生相对运动，并会发生各种物理现象。如切削力、切削热、刀具磨损以及表面质量等，都是以切屑形成过程为基础的，而生产中出现的许多问题，如积屑瘤、振动等都同切削过程中的变形规律有关。因此，我们要研究切削过程的一些基本现象，改善切削条件，提高工件的加工质量。

一、铣削过程的基本知识

1. 铣削过程中金属的变形

　　（1）切屑的形成　塑性金属的切削过程本质上是一种挤压过程。金属材料受到刀具的作用后，经过弹性变形、弹-塑性变形、挤压分离三个阶段，沿刀具前刀面滑出形成切屑，如图 2-2-1 所示。

　　切削开始，刀具推挤切削层金属，在 OA 以左切削层金属只发生弹性变形，在 OA 面上金属内部的应力增大到材料的屈服强度，为此，在这个面上金属开始产生塑性变形，产生滑移现象。随着推挤力的增大，原来 OA 面的金属不断向刀具前刀面接近，同时应力和应变也逐渐增大；在 OE 面上，应力和应变达到最大值，当切应力超过工件材料的强度极限时，金属层与工件分离形成切屑。

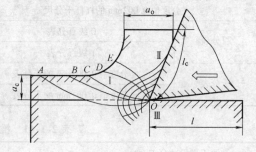

图 2-2-1　切削过程中金属的变形情况

　　（2）变形区的划分

　　① 第一变形区。从 OA 线开始发生塑性变形，到 OE 线晶粒的剪切滑移基本完成。这一区域（Ⅰ）称为第一变形区。这个区的变形量最大，常用它说明切削过程的变形情况。

② 第二变形区。切屑沿前刀面排出时进一步受到前刀面的挤压和摩擦，使靠近前刀面处金属纤维化，基本与前刀面平行。这部分称为第二变形区（Ⅱ）。

③ 第三变形区。已加工表面受到切削刃钝圆部分与后刀面的挤压和摩擦，产生变形与回弹，造成纤维化与加工硬化。这部分称为第三变形区（Ⅲ）。

（3）切屑的种类　由于工件材料不同，切削过程中的变化情况也就不同，因而所产生的切屑种类也就多样，主要有以下四种类型，如图 2-2-2 所示。

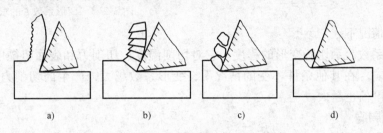

图 2-2-2　切屑的种类

① 带状切屑。如图 2-2-2a 所示，它的内表面是光滑的，外表面是毛茸的。加工塑性金属材料，当切削厚度较小、切削速度较高及刀具前角较大时，一般常常得到这类切屑。它的切削过程较平稳，切削力波动较小，已加工表面的表面粗糙度值较小。

② 挤裂切屑。如图 2-2-2b 所示，这类切屑的外形与带状切屑不同之处在于外表面呈锯齿形，内表面有时有裂纹。这类切屑之所以呈锯齿形，是由于它的第一变形区较宽，在剪切滑移过程中滑移量较大。由滑移变形所产生的加工硬化使切应力增加，在局部地方达到材料的破裂强度。这种切屑大都在切削速度较低、切削厚度较大、刀具前角较小、粗加工中等硬度钢材时产生。它的切削过程不平稳，切削力波动较大，所以已加工表面的表面粗糙度值较大。

③ 单元切屑。如果在挤裂切屑的剪切面上，裂纹扩展到整个面上，则整个单元被切离，成为梯形的单元切屑，如图 2-2-2c 所示。

以上三种切屑中，带状切屑的切削过程最平稳，单元切屑的切削力波动最大。在生产过程中最常见的是带状切屑，有时得到挤裂切屑，单元切屑很少见。如果改变挤裂切屑的切削条件，进一步减小前角，降低切削速度，或加大切削厚度，就可能得到单元切屑；反之，则可以得到带状切屑。这说明切屑的形态是可以随切削条件而转化的。掌握它的变化规律，即可控制切屑的变形、形态和尺寸，以达到断屑和卷屑的目的。

④ 崩碎切屑。如图 2-2-2d 所示，这种切屑的形状不规则，加工表面凹凸不平。加工脆性材料时，材料的塑性很低，抗拉强度较低，刀具切入后，金属受刀具的挤压后产生弹性变形，几乎不经过塑性变形就脱离工件形成不规则的碎状切屑。当材料越硬脆、刀具前角越小、切削厚度越大，就越容易产生这种切屑。这

种切削过程易产生振动，工件表面质量较差。

金属在切削加工中，经过滑移变形形成的切屑，其外表比原来的切屑层短而厚，这种现象称为切屑收缩，如图 2-2-3 所示，可用变形系数 ξ 来表示。

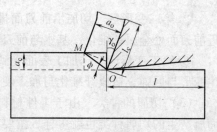

$$\xi = \frac{l}{l_{\mathrm{c}}} = \frac{a_{\mathrm{o}}}{a_{\mathrm{c}}}$$

图 2-2-3　变形系数 ξ 的求法

一般情况下 $\xi > 1$。

变形系数表示切屑变形的程度。它对切削温度、切削力和表面粗糙度值都有很大的影响。在其他条件不变的情况下，变形系数越大，产生的切削力也越大，表面粗糙度值也越大。

2. 积屑瘤

在切削速度不高而又能形成连续性切屑的情况下，加工一般钢料或其他塑性材料时，常在前刀面切削处粘着一块剖面呈三角状的硬块。它的硬度很高，通常是工件材料的 2 ~ 3 倍，在处于比较稳定的状态时，能够代替切削刃进行切削。这块硬块金属称为积屑瘤，如图 2-2-4 所示。

（1）积屑瘤的产生　在切削过程中，切屑底层与刀具的前刀面间产生强烈的摩擦，使切削区的温度升高。当达到一定温度，同时压力又较高时，会产生粘接现象，也即一般所谓的"冷焊"。这时切屑从粘在刀面的底层上流过，形成"内摩擦"。如果温度与压力适当，底层上面的金属因内摩擦而变形，也会发生加工硬化，而被阻滞在底层，粘成一体，这样粘接层就逐步长大，直到该处的温度与压力不足以造成粘附为止。所以积屑

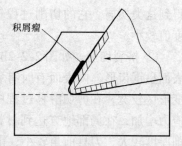

图 2-2-4　积屑瘤

瘤的产生及它的积聚高度与金属材料的硬化性质有关，也与前区的温度与压力分布有关。一般来说，塑性材料的加工硬化倾向越强，越易产生积屑瘤；温度与压力太低，不会产生积屑瘤；反之，温度太高，产生弱化作用，也不会产生积屑瘤。对于碳素钢来说，在 300 ~ 350℃时积屑瘤最高，到 500℃以上时趋于消失。在背吃刀量和进给量保持一定时，积屑瘤高度与切削速度有密切关系，如图 2-2-5所示。在低速范围Ⅰ区内不产生积屑瘤；在Ⅱ区内积屑瘤高度随切削速度增大而达到最大值；在Ⅲ区内积屑瘤高度随切削速度增大而减小；在Ⅳ区积屑瘤不再生成。

（2）积屑瘤对切削过程的影响

① 实际前角增大。积屑瘤粘附在前刀面上，如图 2-2-4 所示，它加大了刀具的实际前角，可使切削力减小，对切削过程起积极作用。积屑瘤越高，实际前角

越大。粗加工时可利用它。

② 增大切削厚度。积屑瘤使切削厚度增加了 Δa_c。由于积屑瘤的产生、成长与脱落是一个带有周期性的动态过程（例如每秒钟几十至几百次），Δa_c 值是变化的，因而有可能引起振动。

③ 使加工表面粗糙度值增大。积屑瘤的底部相对稳定一些，其顶部很不稳定，容易破裂，一部分粘附于切屑底部而排除，一部分留在加工表面上，积屑瘤凸

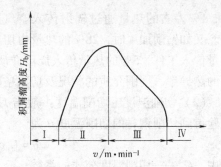

图 2-2-5 积屑瘤高度与切削速度的关系

出切削刃部分使加工表面非常粗糙，因此在精加工时必须设法避免或减小积屑瘤。

④ 影响刀具寿命。积屑瘤粘附在前刀面上，在相对稳定时，可代替切削刃切削，减少刀具磨损，提高刀具寿命。但在积屑瘤不稳定的情况下使用硬质合金刀具时，积屑瘤的破裂有可能使硬质合金刀具颗粒剥落，反而使磨损加剧。

⑤ 提高工件材料硬度，减少加工硬化倾向。

（3）防止积屑瘤的主要方法

① 降低切削速度，使温度较低，使粘接现象不易发生。

② 采用高速切削，使切削温度高于积屑瘤消失的相应温度。

③ 采用润滑性能好的切削液，减小摩擦。

④ 增加刀具前角，以减小切屑接触区压力。

3. 切削热与切削温度

切削热是切削过程的重要物理现象之一。切削温度能改变前刀面上摩擦因数，改变工件材料的性能，影响积屑瘤的大小，影响已加工表面质量的提高。

（1）切削热的产生与传出 被切削的金属在刀具的作用下，发生塑性变形，是产生切削热的一个重要来源。此外，切屑与前刀面、工件与后刀面之间的摩擦力，也是产生热的来源。因此切削时共有三个发热区域：剪切面、切屑与前刀面接触区、后刀面和加工表面的接触区。如图 2-2-6 所示，切削热的来源就是切屑变形功和前、后刀面的摩擦功。

切削热由切屑、工件、刀具及周围的介质传导出去。由切屑带走的热量，占总热量的 50% ~86%；由工件传走的热量，占总热量的 40% ~10%，使工件温度升高，产生变形；由刀具传走的热量，占总热量的 9% ~3%，使刀具温度升高，加速刀具的磨损；由介质（如空气、切削液等）传走的热量，占总热量的 1%。如车削加工时，50% ~86% 的热量由切屑带走，40% ~10% 的热量传入车刀，9% ~3% 的热量传入工

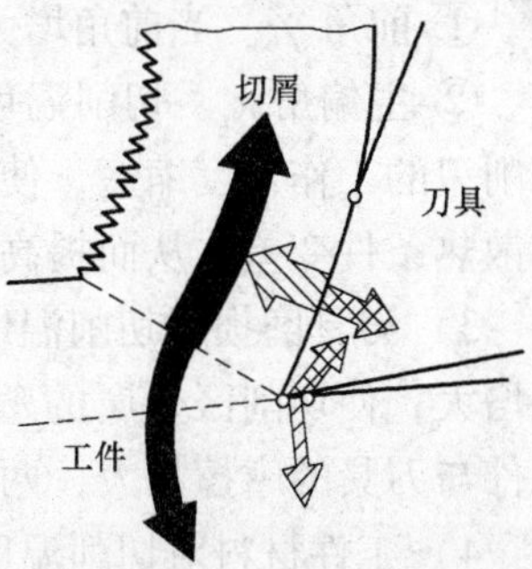

图 2-2-6 切削热的来源

件，1%左右的热量通过辐射传入空气。切削速度越大，则由切屑带走的热量越多。又如钻削加工时，28%的热量由切屑带走，14.5%的热量传入刀具，52.5%的热量传入工件，5%的热量传入周围介质。所以影响热传导的主要因素是工件和刀具的热导率、周围介质的状况及切削条件。

（2）切削温度　切削温度一般指刀具前刀面与切削接触区域的平均温度。由试验得到切削钢材的切削温度 θ 为

$$\theta = C_\theta v^{0.3} f^{0.15} a_p^{0.08}$$

式中　C_θ——切削温度公式的系数；

　　　v——切削速度（mm/s）；

　　　f——进给量（mm/r）；

　　　a_p——背吃刀量（mm）。

影响切削温度的主要因素如下：

1）切削用量对切削温度的影响。

① 切削速度 v。当切削速度提高，切削温度也随着明显提高。因为当切屑沿着前刀面流出时，切屑底层与前刀面发生强烈的摩擦，因而产生很多热量。如果切削速度提高，则摩擦热在很短时间里便可生成，而切屑底层产生的切削热向切屑内部传导需要一定的时间。因此，提高切削速度的结果是，摩擦热来不及向切屑内部传导，而是大量聚集在切屑底层，从而使温度提高。另一方面，切削速度提高，单位时间内的金属切除量成正比地增多，消耗的功增大，所以切削热也会增加。

② 进给量 f。随着进给量的增大，单位时间内的金属切除量增多，切削过程产生的切削热也增多，使切削温度上升。但切削温度随进给量增大而升高的幅度不如切削速度显著。

③ 背吃刀量 a_p。背吃刀量对切削温度影响很小。因为 a_p 增大后，切削区产生的热量虽然成正比地增加，但因切削刃参加工作的长度也成正比地增加，改善了散热条件，所以切削温度的升高不明显。

2）刀具几何参数对切削温度的影响。

① 前角 γ_o。当前角增大，产生的切削热少，切削温度低。

② 主偏角 κ_r。切削温度随着主偏角的增大而逐渐升高。因为主偏角增大后，切削刃的工作长度缩短，使切削热相对地集中，而且主偏角加大后，刀尖角减少，使散热条件变差，从而提高了切削温度。

3）刀具磨损对切削温度的影响。刀具磨损后切削刃变钝，刃区前方的挤压作用增大，使切削区金属的塑性变形增加；同时，磨损后的刀具后角基本为零，使工件与刀具的摩擦加大，两者均使产生的切削热增多。

4）工件材料对切削温度的影响。工件材料的硬度、强度越高，切削时所消耗的功越多，产生的切削热也越多，切削温度就越高。

4. 切削液

在切削过程中，合理地选用切削液，可以改善金属切削过程中的界面摩擦情况，减少刀具和切屑的粘接，抑制积屑瘤的生长，降低切削温度，减少工件热变形，保证加工精度，减少切削力，提高刀具寿命和生产率。

(1) 切削液的作用和种类　切削液（也称冷却润滑液）主要通过冷却、润滑、清洗及防锈作用来改善切削过程。它可以带走大量的切削热，降低切削温度，提高刀具的耐磨性，减少工件的热变形。它还可以渗入到工件、刀具与切屑的接触表面，形成润滑有效地减少摩擦。

常用的切削液有非水溶性和水溶性两大类。

非水溶性切削液主要是切削油，其中有各种矿物油（如全损耗系统用油、轻柴油、煤油等）、动植物油（如豆油、猪油等）和加入油性及极压添加剂配成的混合油。它主要起润滑作用。

水溶性切削液主要有水溶剂和乳化液。前者的主要成分为水并加入防锈剂。也可加入一定量的表面活性剂和油性添加剂，而使其有一定的润滑性能。后者是由矿物油、乳化剂及其他添加剂配置的乳化油和体积分数为95%～98%的水稀释而成的乳白色切削液。这类切削液有良好的冷却性能，清洗作用也很好。

(2) 切削液的选用　切削液的效果除了取决于切削液本身的各种性能外，还取决于工件材料、加工方法和刀具材料等因素，应综合考虑，合理选用。

粗加工时，切削用量较大，产生大量的切削热，容易导致高速钢刀具迅速磨损。这时主要是要求降低切削温度，应选用冷却性能为主的切削液，如体积分数为3%～5%的乳化液。硬质合金刀具耐热性较好，一般不用切削液。

在较低速切削时，刀具以机械磨损为主，宜选用以润滑性能为主的切削油；在较高速度切削时，刀具主要是热磨损，要求切削热有良好的冷却性能，宜选用离子型切削液和乳化液。

精加工时，切削液的主要作用是减小工件表面粗糙度值和提高加工精度。

对一般钢件加工时，切削液应具有良好的渗透性、润滑性和一定的冷却性。在较低速度（60～30m/min）时，为减小刀具与工件间的摩擦和粘结，抑制积屑瘤，以减小加工表面粗糙度值，宜选用挤压切削油或体积分数为10%～12%的极压乳化液或离子型切削液。

精加工铜及其合金、铝或铸铁时，主要是要求达到较小的表面粗糙度值，可选用离子型切削液或质量分数为10%～12%的乳化液。此时，采用煤油作为切削液，是对能源的极大浪费，应尽量避免。还应注意，硫会腐蚀铜，所以切铜时不宜用含硫的切削液。

难加工材料中含有铬、镍、钼、锰、钛、钒、铝、铌及钨等元素时，往往就难于切削加工。这类材料的加工均处于高温高压边界润滑摩擦状态。因此，宜选用极压切削油或极压乳化液。但必须注意，如果所用切削液与金属形成的化合物强度超过金属本身强度，它将带来相反的效果。例如铝的强度低，就不宜用硫化切削油。

磨削加工的特点是温度高，会产生大量的细屑和砂末等，影响加工质量。因而，磨削液应有较好的冷却性和清洗性，并应有一定的润滑性和防锈性。

一般磨削加工常用乳化液。但选用离子型切削液效果更好，而且价格也比较便宜。

5. 刀具的磨损与寿命

切削金属时，刀具一方面切下切屑，另一方面刀具本身也要磨损。刀具磨损后，使工件加工精度减低，表面粗糙度值增大，并导致切削力和切削温度增加，甚至产生振动，不能继续正常切削。因此，刀具磨损直接影响加工效率、质量和成本。

（1）刀具磨损的形式

1）前刀面磨损（见图 2-2-7a）。在切削速度较高、切削厚度较大的情况下加工塑性金属时，切削使刀具的前刀面上磨出个月牙洼。在前刀面上相应于产生月牙洼的地方，其切削温度最高，因此磨损也最大，形成一个凹窝（月牙洼）。在磨损过程中，月牙洼逐渐向切削刃方向扩展，切削刃的强度大大削弱，可能导致崩刃。为避免因切削刃强度太差而崩刃，应经常用磨石背刀。

2）后刀面磨损（见图 2-2-7b）。在切削脆性材料或以较低的切削速度和较小的切削厚度切削塑性金属时，磨损部位在切削刃附近及后刀面。因切屑或前刀面接触少，所以对前刀面的压力和摩擦力都不大，温度较低；后刀面刃口圆钝，加工时发生严重挤压，使后刀面磨损加剧。

3）前、后刀面同时磨损（见图 2-2-7c）。用较高的切削速度和较大的切削厚度切削塑性材料时，摩擦和切削热同时对刀具前、后刀面产生作用，常发生后刀面与前刀面同时磨损的形式。

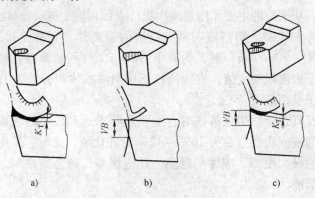

a)   b)   c)

图 2-2-7　刀具磨损的形式

a）前刀面磨损　b）后刀面磨损　c）前、后刀面同时磨损

（2）刀具磨损的过程

1）初期磨损阶段。如图 2-2-8 所示的 OA 段，这一阶段的磨损较快。这是因为切削刃上的应力集中，后刀面上很快被磨出一个窄的面。这样就使压强减小，因而磨损速度就稳定下来。初期磨损量的大小和刀具的刃磨质量有很大的关系，通常在 0.05~0.1mm。因此要注意提高刀具的刃磨质量。

2）正常磨损阶段。如图 2-2-8 所示的 AB 段，在这一阶段里，磨损宽度随时间增长而均匀地增加。这个阶段是刀具的有效工作期间。刀具在使用时不应超过这一阶段范围。

3）急剧磨损阶段。如图 2-2-8 所示的 BC 段。这时由于刀具变钝，切削力增大，温度升高，磨损原因发生了质的变化，使磨损强度大大加剧，磨损急剧加快。刀具失去正常的切削能力后就应该磨刀。

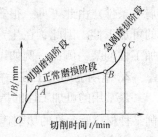

图 2-2-8　刀具磨损过程

（3）刀具寿命　如果刀具超过急剧磨损阶段继续使用，就会发生冒火花、振动、功率上升、工件质量恶化及崩刃等情况，为此，根据加工情况，规定一个最大的磨损量为磨钝标准，但在实际使用时，经常测量很不方便。因此，用刀具寿命来衡量。

刀具寿命是指由刃磨开始切削，一直到磨损达到刀具磨钝标准所经过的总切削时间。当工件、刀具材料和刀具几何形状选定之后，切削速度是影响刀具寿命的主要因素。提高切削速度，刀具寿命就降低。这是由于切削速度对切削温度影响最大，因而对刀具磨损影响最大。其次是进给量，而背吃刀量的影响最小。

通用机床刀具寿命大致是：硬质合金焊接车刀寿命大致为 60min；高速钢钻头寿命为 80~120min；硬质合金铣刀寿命为 120~180min；齿轮刀具寿命为 200~300min。

刀具寿命的选择与生产效率及成本有直接关系。过高的刀具寿命限制切削用量的提高，从而影响生产率；过低的刀具寿命增加了刀具安装及磨刀的辅助时间，同时刀具材料消耗大，也会使生产效率降低，生产成本提高。一般情况应该按加工成本最低原则选择刀具寿命。

二、工件材料的可加工性

1. 材料的可加工性

材料的可加工性是指材料可加工的难易程度。一般情况下，好的可加工性是指刀具寿命较高、切削力较小、切削温度较低、加工表面质量易于保证、生产率较高及易断屑等。由于切削加工的具体情况不同，所以切削加工的难易程度要根据具体情况来看。粗加工时，能获得较高的生产率、较高的刀具寿命、较小的切削力，则可加工性就好。精加工时，获得较高的表面质量及刀具寿命，可加工性就好。对于某种材料加工的难易，也要看具体的加工要求及切削条件而定。例如，纯铁粗加工切除余量很容易，精加工获得较小的表面粗糙度值 Ra 则比较困难；不锈钢在普通机床上加工并不困难，而在自动化生产条件下，断屑困难，则属于难加工材料。所以，对于同一种材料来说，加工时很难保证它同时满足较高的刀具寿命、较低的切削力、较低的切削温度、较高的生产率、较高的表面质量及易断屑等条件。由此可见，很难找到一个简单的物理量来精确地规定和测量某种材料的可加工性。因此，在生产和实验研究中，常常只取某一项指标，来反映材料可加工性的某一侧面，例如以 v_t 作为材料的可加工性指标。

2. 常用的可加工性指标

最常用的可加工性的指标为 v_t，它的含义是：当刀具寿命为 t（min 或 s）时，切削某种材料所允许的切削速度 v_t 越高，则材料的可加工性越好。一般情况下，可取刀具寿命 $t=60min$，对于一些难加工材料，可取 $t=30min$，或取 $t=15min$。对机夹可转位的刀具，刀具寿命 t 可以取得更小一些。如果取 $t=60min$，则 v_t 写成 v_{60}。

如果以抗拉强度 $=735MPa$ 的 45 钢的 v_{60} 作为基准，写作（v_{60}）；其他被切削的工件材料的 v_{60} 与之相比，则得相对可加工性 $k_v=v_{60}/(v_{60})$。

各种材料的相对可加工性 k_v 乘以 45 钢的切削速度，即可得出切削各种材料的切削速度。

常用工件材料按相对可加工性可分为八级，见表 2-2-1。

表 2-2-1　常用工件材料可加工性等级

加工性等级	名称及种类		相对可加工性	代表性材料
1	很容易切削材料	一般非铁金属	>3.0	5-5-5 铜铝合金、铜铝合金、铝镁合金
2	容易切削材料	易碎钢	2.5 ~ 3.0	退火 15Cr，抗拉强度 $=0.372 \sim 0.441GPa$（$38 \sim 45kgf/mm^2$）自动机钢 $\sigma_b = 0.392 \sim 0.490GPa$（$45 \sim 50kgf/mm^2$）
3		较易碎钢	1.6 ~ 2.5	正火 30 钢 $\sigma_b = 0.441 \sim 0.549GPa$（$45 \sim 56kgf/mm^2$）
4	普通材料	一般钢及铸铁	1.0 ~ 1.6	45 钢，灰铸铁，结构钢
5		稍难切削材料	0.65 ~ 1.0	2Cr13 调质 $\sigma_b = 0.8288GPa$（$85kgf/mm^2$）85 钢轧制 $\sigma_b = 0.8829GPa$（$90kgf/mm^2$）

（续）

加工性等级	名称及种类		相对可加工性	代表性材料
6	难切削材料	较难切削材料	0.5 ~ 0.65	45Cr 调质 $\sigma_b = 1.03\,\text{GPa}$（$105\text{kgf/mm}^2$） 65Mn 调质 $\sigma_b = 0.9319 \sim 0.981\,\text{GPa}$（$95 \sim 100\text{kgf/mm}^2$）
7		难切削材料	0.15 ~ 0.5	50CrV 调质，1Cr18Ni9Ti 未淬火 α 相钛合金
8		很难切削材料	<0.15	β 相钛合金，镍基高温合金

注：$1\text{kgf/mm}^2 = 9.80665\text{MPa}$。

相对加工性 k_v 实际上反映了不同材料对刀具磨损的影响程度，k_v 越大，表示切削该材料时刀具磨损越慢，耐用度越高。

3. 工件材料的物理、力学性能对可加工性的影响

（1）硬度对可加工性的影响　工件材料硬度越高，可加工性就越差。因为材料硬度越高，切屑与刀具前刀面的接触长度减小，因此前刀面上法向应力增大，摩擦热量集中在切屑与刀具前刀面接触较小的面上，热量集中，促使切削温度增高，刀具磨削加剧，甚至崩刃。

对于碳的质量分数为 0.2% 的碳素钢（115HBW）、中碳镍钼合金钢（190HBW）、淬火回火后的中碳镍铬钼合金钢（300HBW）、淬火及回火的中碳镍铬钼高强钢（400HBW）进行 k_v 关系的切削试验，得曲线如图 2-2-9 所示。

当金属材料中硬质点越多、形状越尖锐、分布越广，则材料的可加工性越差。因为金属中的高碳化物如（TiC）和非金属夹杂物（如 Al_2O_3）等，它们对刀具表面有机械擦伤作用，加速刀具磨损，使刀具寿命降低。

此外，材料的加工硬化性越严重，则可加工性越差。例如，奥氏体不锈钢经切削加工后的表面硬度比原始基本高 1.4 ~ 2.2 倍。这是不锈钢比较难加工的重要原因之一。

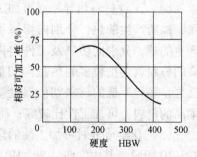

图 2-2-9　各种硬度工件材料的
k_v 关系

（2）工件材料强度对切削加工的影响　工件材料强度越高，切削力越大，切削时消耗的功也就越多，切削温度也随之越高，刀具也就容易磨损。因此，在一般情况下，可加工性随工件材料的硬度升高而下降。

灰铸铁、可锻铸铁和球墨铸铁的抗拉强度与切削力见表2-2-2。从表中可知，三种硬度相近的铸铁中，抗拉强度越高的切削力也越大，则材料的可加工性就越差。

表 2-2-2　灰铸铁、可锻铸铁、球墨铸铁抗拉强度与单位切削力

工件材料	热处理状态	牌号	实测硬度 HBW	抗 拉 强 度		单 位 切 削 力	
				σ_b/GPa	与灰铸铁抗拉强度的比值	当进给量 $f=$ 0.3mm/min 时的单位切削力/GPa	与灰铸铁单位切削力的比值
灰铸铁	退火	HT200	170	0.196	1	1.12	1
可锻铸铁		KTH300-06	170	0.294	1.5	1.34	1.2
球墨铸铁		QT450-10	170~207	0.441	2.25	1.41	1.26

（3）工件材料的塑性对可加工性的影响　切削强度相同的材料时，当材料的塑性较大时，相对应的切削力也较大，切削温度也较高，刀具容易产生粘结和扩散磨损。因此，刀具磨损较大，而且塑性材料在比较低的切削速度下切削时，易产生积屑瘤，使已加工表面较粗糙。同时，切削塑性大的材料，断屑比较困难。可见材料塑性大，可加工性就越差。

但材料的塑性太低时，切屑与前刀面的接触长度缩短，切削力、切削热都集中在切削刃附近，使刀具磨损太快。由此可知，塑性过大或过小都使可加工性下降。

材料韧性对可加工性的影响与塑性相似。韧性对断屑的影响比较明显，在其他条件相同时，材料的韧性越高，断屑越困难。

（4）工件材料热导率对可加工性的影响　在切削过程中，刀具前刀面与切屑间摩擦所产生的热，分别向切屑顶部及刀具传导，刀具后刀面与工件间的摩擦所产生的热，分别向切屑及工件内传导。如果单位时间产生的热量相等时，热导率高的材料就会把较多的热量向切屑及工件内传导，因而摩擦面上的温度会低些；反之，热导率低的材料切削温度就高些，刀具磨损快。所以，一般情况下，热导率高的材料，可加工性比较好；而热导率低的材料，可加工性较差。

（5）化学成分对可加工性的影响　钢中的化学成分对钢的可加工性影响如图2-2-10所示。其中，Cr、Ni、Mo、Mn等元素都能提高钢的强度；Si和Al等元素容易形成氧化铝和氧化硅等硬质点，从而使刀具磨损加快。当这些元素的质量分数较小时（一般小于0.3%时），对可加工性的影响不大；当这些元素的质量分数大于0.3%时，会影响钢的可加工性。

当在钢中加入少量的硫、硒、铅、铋、磷等元素，能降低钢的塑性，从而提高可加工性，但是会使钢的强度略降。例如硫与锰能形成MnS，硫与铁可形成

FeS，而 MnS、FeS 质地很软，在切削加工时，可以成为塑性变形区的应力集中源，降低切削力，使切屑易折断，减少积屑瘤的形成，使已加工表面的表面粗糙度值减小，减少刀具磨损。磷能降低铁素体的塑性使切屑易折断。

铸铁中的化学成分对可加工性的影响主要取决于对石墨化程度的影响。

凡能促进石墨化的元素都能提高铸铁的可加工性，如加硅、铝、镍、铜、钛等，这是因为石墨的硬度很低，润滑性能好，刀具的磨损慢，提高了刀具寿命。而渗碳体的硬度高，加剧刀具的磨损，如加铬、锰、钼、硫等会降低可加工性。

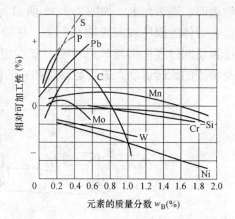

图 2-2-10　各元素的质量分数对结构钢可加工性的影响

4. 改善材料的可加工性

材料的加工难易程度，不是一成不变的。在生产中，常常采用热处理的方法来改善材料的组织，从而改善材料的可加工性。

（1）低碳钢　它的塑性好、韧性大，加工时切屑分离困难，使刀具热量增高，降低刀具寿命，工件表面粗糙，可通过冷拔或正火，降低塑性，提高硬度，改善可加工性。

（2）热轧中碳钢　它的组织不均匀，表面有硬皮，可以采用正火使组织与硬度均匀，有利于加工。

（3）高碳钢、工具钢　它们的硬度偏高，且有较多的网状、片状渗碳体组织，加工较难，可经球化退火，得到网状渗碳体，使硬度降低，改善可加工性。

（4）马氏体不锈钢　它的韧性大，切削困难，通过调质处理，可改善可加工性。

（5）白口铸铁　它可以经过可锻化退火，消除白口组织，改善可加工性。

（6）灰铸铁　对它进行切削前退火，能降低表层硬度，消除内应力，提高可加工性。

另外，材料的可加工性还可通过调整化学成分加以改善。如钢中添加适量的硫和铅，可提高刀具寿命，使切削力减小，容易断屑，表面质量好。在铜合金中加入适量的铅，铝合金中加入适量的锌和镁，都能改善可加工性。

三、典型铣刀结构

1. 圆柱铣刀及面铣刀的结构

铣刀是一种多刀齿的回转刀具。它的刀齿分布在回转表面，如圆柱表面、圆锥表面、端平面上。如图 2-2-11 所示，铣刀相当于把很多把车刀或刨刀的刀齿固接在刀体的圆柱表面或端平面上。尽管铣刀的刀齿多，但刀齿切削部分的几何角度和切削过程，都与车刀和刨刀基本相同。不同的是，铣刀的切削运动是绕它本身轴线的旋转运动，进给运动则和它的回转轴线垂直。

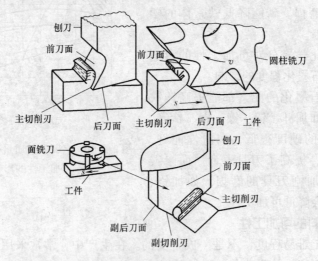

图 2-2-11　铣刀刀齿的实质

（1）圆柱铣刀的结构　圆柱铣刀是指刀齿安排在刀体圆周上的铣刀，如图 2-2-12所示。按它的结构形式，可分为整体圆柱铣刀（见图 2-2-12a、b）和镶齿圆柱铣刀（见图 2-2-12c）。就其刀齿在圆柱表面分布形式而言，又可分为直齿（见图 2-2-12a）和螺旋齿（见图 2-2-12b、c）。直齿因切削不平稳，尽可能不选用。螺旋齿圆柱铣刀分粗齿铣刀（8～10 个刀齿）和细齿铣刀（12 个齿以上）。粗齿用于粗加工，细齿用于精加工。

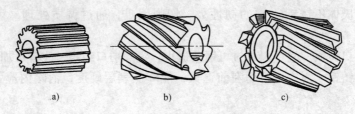

a)　　　　　　　　b)　　　　　　　　c)

图 2-2-12　圆柱铣刀的结构
a）直齿　b）整体螺旋齿　c）镶齿螺旋齿

（2）面铣刀的结构　面铣刀是指刀齿安排在刀体端面上的铣刀，如图2-2-13 所示。按其结构形式可分为整体面铣刀（见图 2-2-13a）和镶齿面铣刀（见图 2-2-13b、c）两种类型。用硬质合金镶齿面铣刀（见图 2-2-13c）加工平面，能有效地提高切削效率，它是一种高效率切削刀具。

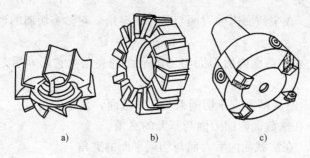

图 2-2-13　面铣刀的结构

a）整体　b）镶高速钢刀齿　c）镶硬质合金刀齿

2. 圆柱铣刀及面铣刀的切削角度

圆柱铣刀及面铣刀的切削部分，可以视为车刀或刨刀刀头的演变，但其运动轨迹不是直线而是弧线。因此，对于切削运动围绕本身轴线作回转运动的铣刀，它的基面就变为通过回转轴线的旋转平面。现在就从分析铣刀的坐标平面入手，来认识铣刀的切削角度。

（1）铣刀的三个坐标平面　圆柱铣刀及面铣刀的坐标平面如图 2-2-14 所示。

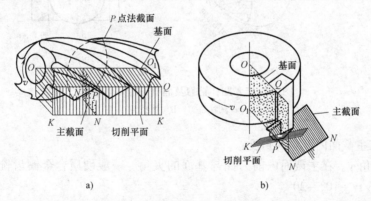

图 2-2-14　圆柱铣刀及面铣刀的坐标平面

a）圆柱铣刀　b）面铣刀

① 切削平面。铣刀的切削平面是通过切削刃上一点 P 且与加工表面相切的平面，如图中 K—K 所示。

② 基面。基面是通过切削刃上一点 P 与切削速度 v 相垂直的平面，如图中包含刀具旋转轴的平面 Q—P 所示。

③ 主截面。主截面是垂直于主切削刃在基面上的投影的平面，如图中 N—N 截面所示。

（2）圆柱铣刀的切削角度　圆柱铣刀的切削角度如图 2-2-15a 所示。

1）在主截面内（即铣刀端截面内）度量的角度：

① 前角 $\gamma_{端}$。在主截面内前刀面与基面的夹角。它影响切屑的形成与排出的难易程度。

② 后角 α。在主截面内后刀面与切削平面的夹角。它影响后刀面与工件之间的摩擦。

2）在法截面内（即垂直于切削刃所截的截面）度量的角度：

① 前角 γ。在法截面内前刀面与基面的夹角。

② 后角 $\alpha_{法}$。在法截面内后刀面与切削平面的夹角。

（3）面铣刀的切削角度 面铣刀的切削角度如图 2-2-15b 所示。

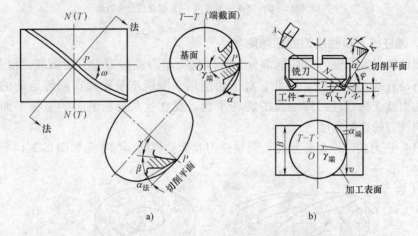

图 2-2-15 圆柱铣刀及面铣刀的几何角度

a）圆柱铣刀 b）面铣刀

1）在主截面内度量的角度：

① 前角 γ。在主截面内前刀面与基面的夹角。一般硬质合金镶齿铣刀加工钢料时，取 $\gamma = +10° \sim 20°$。

② 后角 α。在主截面内后刀面与切削平面的夹角。一般 $\alpha = 10° \sim 25°$。

2）在基面内度量的角度：

① 主偏角 φ。主切削刃在基面上的投影和进给方向之间的夹角。它影响切削刃参与工作的长度和背向力的大小。一般 $\varphi = 45° \sim 75°$。

② 副偏角 φ_1。副切削刃在基面上的投影和副进给方向之间的夹角。它的大小影响已加工表面的表面粗糙度和副切削刃参与的工作长度。一般 $\varphi_1 = 1° \sim 10°$。

3）在切削平面内度量的角度：在切削平面内，主切削刃和基面之间的夹角，即刃倾角 λ。它可以为正值、零值或负值，如图 2-2-16 所示。λ 为正值时，刀尖不受冲击，但切削力较大，切屑流向已加工表面；λ 为负值时，切屑流向待加工表面，切削力小，但刀尖易受冲击而损坏。

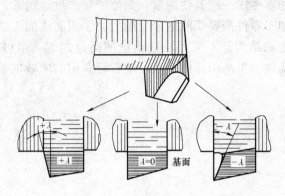

图 2-2-16 面铣刀的刃倾角 λ

四、铣削的发展趋势

铣削加工的发展与多种因素有关。总的来看，铣削朝着两个方向发展：一是以提高生产率为目的的强力切削，一是以提高精度为目的的精密切削。由于模具钢、不锈钢和耐热合金等难加工材料的出现，对机床和刀具都提出了新的要求，强力铣削就是在这样的背景和条件下产生的。它要求机床具有大功率、高刚度，要求刀具有良好的切削性能，而机床与刀具的发展反过来又促进了强力切削的发展。

由于铣削效率比磨削高，特别是对大平面及长、宽都较大的导轨面，采用精密铣削代替磨削将大大提高生产率。因此"以铣代磨"成了平面与导轨加工中的一种趋势。例如，用硬质合金刀片的面铣刀加工大型铸铁导轨面，精铣时直线度在 3m 长度内可达 0.01 ~ 0.02mm，表面粗糙度值 Ra 可达 1.6 ~ 0.8μm。而铝合金的超精铣削其表面粗糙度值 Ra 可达 0.8 ~ 0.4μm。

由于铣削是多刃刀具的断续切削，容易产生振动，从而降低加工表面质量和精度，并影响生产率。为了抑制铣削过程中的振动，近年来研究和发展了一种被称之为"变速铣削"的铣削形式，即在铣削过程中按一定的规律改变铣削速度，可以使振动幅值降至恒速铣削时的 20% 以下。实验表明，在一定范围内增大变速幅度，提高变速频率，均可使变速铣削的抑振效果明显提高，对于一般中小惯量的铣床，采用正弦波、锯齿波等无平顶特性的变速波形，抑振效果比较好。

高速铣削是提高生产率的重要手段。随着刀具材料的发展，铣削速度也不断提高。例如，对于中等硬度的灰铸铁（150 ~ 225HBW），高速钢铣刀切削时的速度为 15 ~ 20m/min，硬质合金铣刀为 60 ~ 110m/min，而采用多晶立方氮化硼铣刀的切削速度可达 305 ~ 762m/min。

当然，新刀具材料的出现，只是给进行高速加工提供了可能，高速加工在实际加工中的应用还需考虑一些其他因素，如生产量，批量越大，采用高速加工的意义也越大；被加工零件需要切除的余量越大，采用高速加工越合算；对薄壁零件（如飞机机翼上的结构筋）采用小进给量的高速加工，可得到无变形的截面等。此外，采用高速加工所引起的企业一般管理费用的增减也是必须考虑的因素之一。

第三章
铣　床

　　金属切削机床是用切削的方法将金属毛坯加工成机器零件的一种机器，它是制造机器的机器，称为"工作母机"或"工具机"，人们习惯上称为机床。在现代机械制造工业中，切削加工是将金属毛坯加工成具有一定尺寸、形状和精度零件的主要加工方法，尤其是在加工精密零件时，主要靠切削加工来达到所需的精度和表面粗糙度。所以，金属切削机床是加工机器零件的主要设备，它所担负的工作量在一般生产中占机器总制造工作量的 40%~60%，在机械制造中起着重要的作用。

一、机床的分类

　　金属切削机床的品种非常多，按加工性能和所用刀具进行分类。我国机床可分为 11 大类：车床、钻床、镗床、磨床、齿轮加工机床、螺纹加工机床、铣床、刨插床、拉床、锯床及其他机床。

　　上述机床按照它们的万能性程度，又可分为以下几类。

　　1. 通用机床（万能机床）

　　这类机床的加工范围较广，在这类机床上可以加工多种零件的不同工序。例如卧式车床、卧式镗床、万能升降台铣床等，都属于通用机床。通用机床的万能性较大，结构往往比较复杂，主要适用于单件小批生产。

　　2. 专门化机床（专能机床）

　　这类机床是专门用于加工不同尺寸的一类或几类零件的一种（或几种）特定工序的。例如精密丝杠车床、凸轮轴车床等都属于专门化机床。

　　3. 专用机床

　　这类机床用于加工某一种（或几种）零件的特定工序的。例如加工汽车后桥壳的组合镗床、机床主轴箱专用镗床等都是专用机床。专用机床是根据工艺要求专门设计制造的。它的生产率比较高，机床自动化程度往往比较高，所以专用机床通常应用于成批及大量生产。

　　在同一种机床中，按照加工精度的不同，可分为普通精密机床、精密机床和高精密机床三种公差等级。

此外，机床还可以按照自动化程度分为手动、机动、半自动和自动机床；按照质量的不同，分为仪表机床、中型（一般）机床，大型机床和重型机床；按照机床主要工作器官的数目分为单轴的、多轴的、单刀的、多刀的机床等。

上述几种分类方法，是由于分类的目的和依据不同而提出来的。通常机床是按照加工方式（车、钻、刨、铣、磨等）及某些辅助特征来进行分类的。例如，多轴自动车床，就是以车床为基本类型，再加上"多轴"、"自动"等辅助特征，以区别其他种类机床。

二、机床型号编制方法

1. 型号的表示方法

机床型号有基本部分和辅助部分组成，中间用"/"隔开，读作"之"。前者需统一管理，后者纳入型号与否由企业自定。型号构成如下：

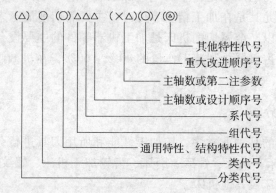

注意：1）有"（ ）"的代号或数字，当无内容时，则不表示，若有内容则不带括号。

2）有"○"符号者，为大写的汉语拼音字母。

3）有"△"符号者，为阿拉伯数字。

4）有"◎"符号者，为大写的汉语拼音字母或阿拉伯数字或两者兼而有之。

2. 机床的分类和代号

机床的分类和代号见表 2-3-1。

表 2-3-1　机床的分类和代号

类别	车床	钻床	镗床	磨　　　床			齿轮加工机床	螺纹加工机床	铣床	刨插床	拉床	锯床	其他机床
代号	C	Z	T	M	2M	3M	Y	S	X	B	L	G	Q
读音	车	钻	镗	磨	二磨	三磨	牙	丝	铣	刨	拉	割	其

注：分类代号在类代号之前，作为型号的首位，并用阿拉伯数字表示。第一分类代号前的"1"省略，第"2"、"3"分类代号则应予以表示。

3. 通用特性代号

通用特性代号有统一的固定含义,它在各类机床的型号中表示的意义相同。当某类型机床,除有普通型外,还有下列某种通用特性时,则在类代号之后加通用特性代号予以区分。机床的通用特性代号见表2-3-2。

表2-3-2 机床的通用特性代号

通用特性	高精度	精密	自动	半自动	数控	加工中心(自动换刀)	仿形	轻型	加重型	柔性加工单元	数显	高速
代号	G	M	Z	B	K	H	F	Q	C	R	X	S
读音	高	密	自	半	控	换	仿	轻	重	柔	显	速

4. 铣床的组和系

铣床划分为10个组,每个组又划分为10个系(系列)。铣床的组,用一位阿拉伯数字表示,位于类代号或通用特性代号、结构特性代号之后。铣床的系,用一位阿拉伯数字表示,位于组代号之后。

铣床名称和组、系划分见表2-3-3。

表2-3-3 铣床名称和组、系划分

组 代号	组 名称	系 代号	系 名称	折算系数	主参数 名称
0	仪表铣床	0			
		1	台式工具铣床	1/10	工作台面宽度
		2	台式车铣床	1/10	工作台面宽度
		3	台式仿形铣床	1/10	工作台面宽度
		4	台式超精铣床	1/10	工作台面宽度
		5	立式台铣床	1/10	工作台面宽度
		6	卧式台铣床	1/10	工作台面宽度
		7			
		8			
		9			
1	悬臂及滑枕铣床	0	悬臂铣床	1/100	工作台面宽度
		1	悬臂镗铣床	1/100	工作台面宽度
		2	悬臂磨铣床	1/100	工作台面宽度
		3	定臂铣床	1/100	工作台面宽度
		4			
		5			
		6	卧式滑枕铣床	1/100	工作台面宽度
		7	立式滑枕铣床	1/100	工作台面宽度
		8			
		9			

（续）

组		系			主 参 数
代号	名称	代号	名　称	折算系数	名　称
2	龙门铣床	0	龙门铣床	1/100	工作台面宽度
		1	龙门镗铣床	1/100	工作台面宽度
		2	龙门磨铣床	1/100	工作台面宽度
		3	定梁龙门铣床	1/100	工作台面宽度
		4	定梁龙门镗铣床	1/100	工作台面宽度
		5			
		6	龙门移动铣床	1/100	工作台面宽度
		7	定梁龙门移动铣床	1/100	工作台面宽度
		8	落地龙门镗铣床	1/100	工作台面宽度
		9			
6	卧式升降台铣床	0	卧式升降台铣床	1/10	工作台面宽度
		1	万能升降台铣床	1/10	工作台面宽度
		2	万能回转头铣床	1/10	工作台面宽度
		3	万能摇臂铣床	1/10	工作台面宽度
		4	卧式回转头铣床	1/10	工作台面宽度
		5	广用万能铣床	1/10	工作台面宽度
		6	卧式滑枕升降台铣床	1/10	工作台面宽度
		7			
		8			
		9			
7	床身铣床	0			
		1	床身铣床	1/100	工作台面宽度
		2	转塔床身铣床	1/100	工作台面宽度
		3	立柱移动床身铣床	1/100	工作台面宽度
		4	立柱移动转塔床身铣床	1/100	工作台面宽度
		5	卧式床身铣床	1/100	工作台面宽度
		6	立柱移动卧式床身铣床	1/100	工作台面宽度
		7	滑枕床身铣床	1/100	工作台面宽度
		8			
		9	立柱移动立卧式床身铣床	1/100	工作台面宽度
8	工具铣床	0			
		1	万能工具铣床	1/10	工作台面宽度
		2			
		3	钻头铣床	1	最大钻头直径
		4			
		5	立铣刀槽铣床	1	最大铣刀直径
		6			
		7			
		8			
		9			

（续）

组		系			主 参 数	
代号	名称	代号	名 称	折算系数	名 称	
9	其他铣床	0	六角螺母槽铣床	1	最大六角螺母对边宽度	
		1	曲轴铣床	1/10	刀盘直径	
		2	键槽铣床	1	最大键槽宽度	
		3				
		4	轧辊轴颈铣床	1/100	最大铣削直径	
		5				
		6				
		7	转子槽铣床	1/100	最大转子本体直径	
		8	螺旋桨铣床	1/100	最大工件直径	
		9				

5. 铣床主参数的表示方法

铣床型号中主参数用折算值表示，位于系代号之后，当折算值小于1时，则取小数点后第一位数，并在前面加"0"。绝大多数铣床的主参数是工作台面宽度。型号中的折算值除以表2-3-3中的折算系数即为主参数值。

例如：XA6132型万能升降台铣床的主参数折算值为32，查表2-3-3知，折算系数为1/10，则其主参数值（工作台面宽度）为

$$32mm \div (1/10) = 320mm$$

6. 铣床型号示例（见表2-3-3）

例1　X2010C型龙门铣床：型号中"X"表示铣床类；"2"是组号，为龙门铣床组；系号为"0"，为龙门铣床系；折算值为"10"，表示主参数（工作台面宽度）为1000mm；"C"为重大改进顺序号，表示经过了3次重大改进。

例2　江东机床厂生产的单柱平面铣床，工作台面宽度为500mm，其型号为X335。

例3　桂林机床股份有限公司（原桂林机床厂）生产的立式滑枕升降台铣床，工作台面宽度为460mm，其型号为X5646。

例4　长征机床厂生产的万能升降台铣床，工作台面宽度为320mm，其型号为X6132。

三、部分国产铣床产品的技术参数

1）龙门铣床的技术参数见表2-3-4。

2）平面铣床的技术参数见表2-3-5。

3）立式升降台铣床的技术参数见表2-3-6。

4）卧式升降台铣床的技术参数见表2-3-7。

5）床身铣床的技术参数见表2-3-8。

6）工具铣床的技术参数见表2-3-9。

表 2-3-4 龙门铣床的技术参数

产品名称	型号	最大加工尺寸/mm（长×宽×高）	工作台最大承重质量/t	主轴箱数/个	主轴箱回转角度/(°)	主轴转速级数	范围/(r/min)	工作台进给量级数	范围/(mm/min)	推荐最大刀盘直径/mm
龙门铣床	X2010C	3000×1000×1000	8	3 (4)	垂直头±30 水平头+30 −15	12	50~630	无级	10~1000 快速4000	350
	X2012C	4000×1250×1250	10	3 (4)	垂直头±30 水平头+30 −15	12	50~630	无级	10~1000 快速4000	350
	X2020	6000×2000×2000	30	3	垂直头±30 水平头+30 −15	12	31.5~630	无级	10~1000 快速4000	400
轻型龙门铣床	XQ209/2M	1700×900×650	3	3		6	70~400	无级	80~1300	200
	XQ209/3M	2700×900×650	4.5	3		6	70~400	无级	80~1300	200
龙门镗铣床	XA2110	3000×1000×1000	8	3		12	10~800	无级	10~1000 快速4000	350
	XA2112	4000×1250×1250	10	3		12	10~800	无级	10~1000 快速4000	350

产品名称	型号	工作精度 平面度/mm	表面粗糙度 Ra/μm	电动机功率/kW 主电动机	总容量	质量/t	外形尺寸/mm（长×宽×高）
龙门铣床	X2010C	0.02	2.5	15	60	36	9640×4740×3915
	X2012C	0.02	2.5	15	62	45.5	11710×4865×4515
	X2020	0.02	2.5	22	107	110	15500×6640×5840
轻型龙门铣床	XQ209/2M	0.02	2.5	5.5×3	30.3	24	7100×3700×2800
	XQ209/3M	0.02	2.5	5.5×3	30.3	26	9100×3700×2800
龙门镗铣床	XA2110	0.02	2.5	15	65	37	9640×4740×3915
	XA2112	0.02	2.5	15	76	45	11710×4865×4515

表 2-3-5　平面铣床的技术参数

产品名称	型号	工作台工作尺寸/mm（宽×长）	工作台最大行程/mm 纵向	横向（套筒移动）	垂向（主轴箱移动）	主轴转速 级数	主轴转速 范围/(r/min)	工作台进给量 级数	工作台进给量 范围/(mm/min)	推荐刀盘最大直径/mm
圆台铣床	X3016	工作工作面 直径：1600		250	550	10	31.5～250 63～500	18	42～2020	350
立式平面铣床	X3132A	320×1400	1100	100	400	14	甲组：40～1000 乙组：75～1800	20	16～1250	250
单柱平面铣床	X334	400×1600	1250	100	500	16	31.5～1000	20	16～1250	250
双柱平面铣床	X344	400×1600	1250	100	500	16	31.5～1000	20	16～1250	250
端面铣床	X354	400×1600	1250	100	200	16	31.5～1000	20	16～1250	250
双端面铣床	X365	500×2000	1600	160	200	16	31.5～1000	20	16～1250	400

产品名称	型号	工作精度 平面度/mm	表面粗糙度 Ra/μm	电动机功率/kW 主电动机	总容量	质量/t	外形尺寸/mm（长×宽×高）
圆台铣床	X3016	0.02/300	3.2	15	19	14	3495×1900×3450
立式平面铣床	X3132A	0.02/400	1.6	7.5	10	4	2690×1370×2100
单柱平面铣床	X334	0.025/400	1.6	7.5	10	4.5	2940×1480×2010
双柱平面铣床	X344			7.5×2	18	6	2940×2080×2010
端面铣床	X354			7.5	10	5	
双端面铣床	X365			11×2	25	15	

表 2-3-6　立式升降台铣床的技术参数

技　术　参　数

产 品 名 称	型　号	工作台工作尺寸/mm（宽×长）	立铣头最大回转角度/(°)	主轴端面至工作台面距离/mm	主轴中心线至垂直导轨面距离/mm	工作台最大行程/mm 纵向机动/手动	横向机动/手动	垂向机动/手动	级数	主轴转速范围/(r/min)
立式升降台铣床	X5025	250×1100	±45	40~460	300	680/700	260/280	400/420	18	32~1600
	X5032	320×1320		60~410	350	680/700	240/255	330/350	18	30~1500
	X5030A	300×1100		40~440	300	620/630	265/275	390/400	12	40~1500
	XD5032	320×1325		60~430	350	680/700	240/255	350/370	18	30~1500
	XA5032	320×1250		60~430	350	680/700	240/255	350/370	18	30~1500
	X5042A	425×2000		30~490	450	1180/1200	400/410	450/460	20	18~1400
立式滑枕升降台铣床	X5646	460×1235	前半球360	50~550	28~728	900	700	500	27	30~2050
万能滑枕升降台铣床	XA5750	500×1600	前半球360	20~470	28~728	1000	700	450	27	30~2050

（续）

产品名称	型　号	电动机功率/kW		工　作　精　度		质量/t	外形尺寸/mm（长×宽×高）
		主电动机	总容量	平面度/mm	表面粗糙度 Ra/μm		
	X5025	4				2.2	1770×1670×1943
立式升降台铣床	X5032	7.5	9.125			2.8	2294×1770×1904
	X5030A	4	4.81			2.1	1906×1715×1895
	XD5032	7.5	9.09	0.02/100	2.5	2.8	2282×1770×1932
	XA5032	7.5	9.125			2.8	2272×1770×2094
	X5042A	11	14.175			5.1	2435×2600×2500
立式滑枕升降台铣床	X5646	5.5/7.5	9/11	0.02/300	2.5	3	2115×2220×1950
万能滑枕升降台铣床	XA5750	7.5	12.4	0.02/300	1.6	4	2075×2200×2070

表 2-3-7　卧式升降台铣床的技术参数

产品名称	型　号	工作台工作尺寸/mm（宽×长）	主轴中心线至工作台面距离/mm	工作台中心线至垂直导轨面距离/mm	技　术　参　数 工作台最大行程/mm			级数	主轴转速范围/(r/min)
					纵向机动/手动	横向机动/手动	垂向机动/手动		
卧式升降台铣床	X6025A	250×1200	40~400	120~320	550/570	200	360	8	50~1250
	X6030	300×1100	10~430	160~430	680/700	250/270	400/420	18	32~1600
	X6125	250×1100	10~410	145~425	680/700	260/280	390/400	18	32~1600
万能升降台铣床	XD6132	320×1325	30~380	215~470	680/700	240/255	330/350	18	30~1500
	XA6132	320×1250	30~350	215~470	680/700	240/255	300/320	18	30~1500
	X6130A	300×1150	20~420	175~410	680	235	400	12	35~1600
万能回转头铣床	X6232B	320×1320	30~350	215~470	680/700	240/255	300/320	18	30~1500
	XA6240A	400×1700	0~475	255~570	900	315	475	18	30~1500
万能摇臂铣床	X6320	200×800	主轴端面至工作台面距离 0~350	主轴中心线至直导轨面距离 135~385	500	240（摇臂行程250）	250	8	250~4000

（续）

| 产品名称 | 型号 | 电动机功率/kW | | 工作精度 | | 质量/t | 外形尺寸/mm |
		主电动机	总容量	平面度/mm	表面粗糙度 Ra/μm		（长×宽×高）
卧式升降台铣床	X6025A	2.2	2.79	0.02/300	1.6	1	1445×1560×1372
	X6030	4	5.14		2.5	2	1770×1670×1600
	X6125	4	5.225			2	1770×1670×1600
万能升降台铣床	XD6132	7.5	9.09	0.02/300	2.5	2.7	2282×1770×1770
	XA6132	7.5	9.125			2.65	2294×1770×1665
	X6130A	4	4.75			3	1695×1535×1630
万能回转头铣床	X6232B	5.5	10.125	0.02/300	1.6	3	2294×1770×1858
万能摇臂铣床	XA6240A					4.3	2570×2326×2144
	X6320	0.5/1.0		0.02/300	1.6	0.75	1200×1200×1920

表 2-3-8 床身铣床的技术参数

技术参数

产品名称	型号	工作台工作尺寸/mm (宽×长)	铣头最大回转角度/(°)	主轴端面至工作台面距离/mm	主轴中心线至垂直导轨面距离/mm	工作台最大行程/mm			主轴转速	
						纵向机动/手动	横向机动/手动	垂向机动/手动	级数	范围/(r/min)
床身铣床	X716B	630×2000		100~750	650	1200	630	650	18	30~1620
	X716	630×2000		100~850	750	1600	630	750	无级	25~2500
	B1-270	800×2500		50~800	750	2150	750	750	18	25~1250
卧式床身铣床	X754	400×1600	万能铣头:360 立铣头:180	卧主轴中心线至工作面台面距离 40~640		1120	400	600	18	32~1600

产品名称	型号	工作精度		电动机功率/kW		质量/t	外形尺寸/mm (长×宽×高)
		平面度/mm	表面粗糙度 Ra/μm	主电动机	总容量		
床身铣床	X716B	0.03/300	2.5	15	18.5	12	3200×2480×3100
	X716	0.03/400	1.6	15	19	15	4715×3000×3500
	B1-270	0.02/300	2.5	17	21	18	4000×3450×3790
卧式床身铣床	X754	0.04/1000; 0.02/300	1.6	7.5	10	4.5	2220×2100×2530

表 2-3-9　工具铣床的技术参数

技 术 参 数

产品名称	型号	工作台工作尺寸/mm（宽×长）	铣头回转角度/(°)	卧轴中心线至工作台面距离/mm	立铣头端面至工作台距离/mm	主轴中心线至垂直导轨面距离/mm	工作台最大行程/mm 纵向	横向	垂向	级数	主轴转速范围/(r/min)
万能工具铣床	X8132A	320×750	±90	30～430	0～400	170	400	300	400	18	40～2000
	X8140D	400×800	±180	20～420	−10～380	120～470	手动550 机动520	手动350 机动320	400	18	45～2110
	X8126B	280×700	±45	35～385	0～285	155～355	350	200	350	8	150～1660
	X8140A	400×800	±90	40～440	50～405	170～520	500	350	400	18	40～2000
	X8130	300×750	±60	35～425	65～455	80～280	405	200	390	12	40～1600
	X8125	250×700	±90	85～485	55～455	140～395	365	255	400	18	40～2000
	X8120	200×650	±90	40～400	0～350	160～360	320	200	360	18	40～2000

产品名称	型号	工作精度/mm 铣削 平面度	等高度	垂直度	镗孔 圆度	轴线垂直度	电动机功率/kW 主电动机	总容量	外形尺寸/mm（长×宽×高）	质量/t
万能工具铣床	X8132A	0.02/300	0.025	0.015/100	0.015	0.01/100	2.2	3.04	1500×1255×1700	1.3
	X8140D	0.015/150	0.025	0.015/100	0.015	0.01/100	2.2	3.6	2050×1330×1825	1.89
	X8126B	0.02/300	0.025	0.015/100	0.015	0.01/100	3	3.1	1080×1110×1650	1.2
	X8140A	0.02/300	0.025	0.015/100	0.015	0.01/100	3	4.5	1820×1640×1710	2.5
	X8130	0.02/300	0.025	0.015/100	0.015	0.01/100	2.2	2.875	985×1195×1630	1.05
	X8125	0.02/300	0.025	0.015/100	0.015	0.01/100	1.5	2.89	1215×1200×1800	1.2
	X8120	0.02/300	0.025	0.015/100	0.015	0.01/100	1.1	1.69	1275×1289×1600	0.97

（续）

产品名称	型号	被加工件（钻头、铣刀）参数				料斗容量 /件	生产率 /（件/班）
		直径/mm	长度/mm	槽数/个	螺旋角/(°)		
钻头铣床	X8303D	1.6~3	43~61	2	24~26	130~290	500~680
钻头铣床	X8306D	3.1~6	65~93	2	26~28	50~150	250~330
钻头铣床	X8310D	6.2~10	101~133	2	28~30	40~120	140~280
硬质合金钻头铣床	XY8306	5~6.7	75~85	2	20	50~150	250~320
硬质合金钻头铣床	XY8310	7~10	85~100	2	20	45~100	205~305
硬质合金钻头铣床	XY8312	8~12	90~120	2	20	25~100	196~320
立铣刀槽铣床	X8514	6~14	50~70	3	45	25~100	180~360
立铣刀槽铣床	X8506	3~6	36~50	3	45	50~150	350~450

产品名称	型号	工作精度 表面粗糙度 Ra/μm	电动机功率/kW		质量/t	外形尺寸/mm （长×宽×高）
			主电动机	总容量		
钻头铣床	X8303D	3.2	0.75	1.625	1.45	1478×675×1525
钻头铣床	X8306D		1.1	1.975	1.45	1470×675×1525
钻头铣床	X8310D		2.2	3.075	1.8	1730×820×1550
硬质合金钻头铣床	XY8306	3.2	1.1	1.975	1.45	1478×675×1525
硬质合金钻头铣床	XY8310		2.2	3.075	1.8	1730×820×1550
硬质合金钻头铣床	XY8312		2.2	3.075	1.8	1730×820×1550
立铣刀槽铣床	X8514	3.2	2.2	3.075	1.8	1730×820×1550
立铣刀槽铣床	X8506		1.1	1.225	1.45	1478×675×1525

四、XA6132 型卧式万能升降台铣床简介

XA6132 型卧式万能升降台铣床是北京第一机床厂自行设计、生产的铣床。型号中类代号后面的"A"(读作"阿")代表北京第一机床厂自行设计。该机床是由底座、床身、升降台、床鞍、工作台、悬梁和刀杆支架等部件组成。

1. 机床的主要规格

(1) 工作台

工作台工作面积(长×宽)	320mm×1250mm
工作台最大纵向行程手动/机动	700mm/680mm
工作台最大横向行程手动/机动	255mm/240mm
工作台最大垂向行程手动/机动	320mm/300mm
工作台最大回转角度	±45°
T 形槽数	3
T 形槽宽度	18mm
T 形槽间距离	70mm

(2) 主轴

主轴锥度	7:24
主轴孔径	29mm
刀杆直径	22mm;27mm;32mm
主轴的前轴承直径	100mm

(3) 部件间主要尺寸

主轴中心线至工作台台面间的距离	
最小	30mm
最大	350mm
床身垂直导轨至工作台中心距离	
最小	215mm
最大	470mm
主轴中心线到悬梁的距离	155mm

(4) 机动性能

主轴转速级数	18
主轴转速范围	30~1500r/min
工作台进给量级数	18
工作台纵向和横向进给量范围	23.5~1800mm/min
工作台垂向进给量范围	8~394mm/min
工作台纵向及横向快速移动速度	2300mm/min
工作台垂向快速移动速度	770mm/min

（5）承载能力

工作台最大水平施力	15000N
被加工工件最大质量	500kg

（6）其他

主传动电动机的功率	7.5kW
主传动电动机的转速	1440r/min
进给电动机功率	1.5kW
进给电动机转速	1400r/min
冷却泵电动机功率	0.125kW
冷却泵电动机转速	2790r/min
机床外形尺寸（长×宽×高）	2294mm×1770mm×1665mm
机床质量	2850kg

2. 主轴传动系统

铣床传动系统和主轴箱结构分别如图2-3-1和图2-3-2所示。主电机通过弹性联轴器与Ⅰ轴相联，移动Ⅱ轴和Ⅳ轴上的滑动齿轮，可使主轴获得18种转速。

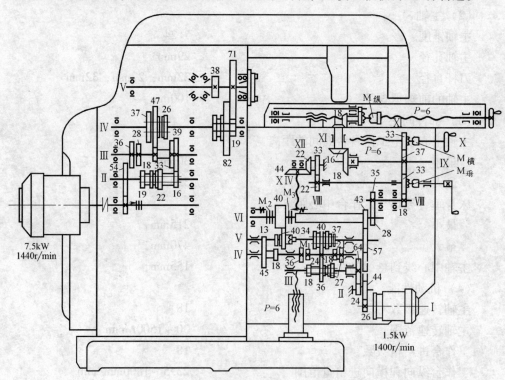

图2-3-1　XA6132型卧式万能升降台铣床传动系统图

从图2-3-3所示的转速分布图可查得主轴任一种转速下的传动路线。

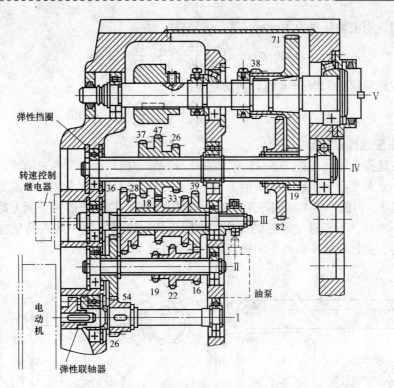

弹性挡圈

转速控制继电器

电动机

弹性联轴器

油泵

图 2-3-2　XA6132 型卧式万能升降台铣床主轴箱结构图

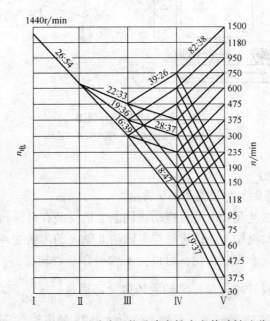

图 2-3-3　XA6132 型卧式万能升降台铣床主传动转速分布图

例如，当主轴转速为30r/min 时，传动路线为

$$n_1 = 1440\text{r/min} \times \frac{26}{54} \times \frac{16}{39} \times \frac{18}{47} \times \frac{19}{71} \approx 30\text{r/min}$$

当主轴转速为750r/min 时，传动路线为

$$n_{15} = 1440\text{r/min} \times \frac{26}{54} \times \frac{22}{33} \times \frac{28}{37} \times \frac{82}{38} = 750\text{r/min}$$

3. 主变速操纵部分

主变速操纵箱（见图2-3-4）安装在床身左侧的窗口上，变换主轴转速由一个手柄和一个刻度盘来实现。把手柄1向下压后拉出，转动刻度盘2时所需要的数字对准指针3，再把手柄1推回原来位置，即完成变速。拉出或推回手柄1都可使电动机有一冲动，为了避免齿轮的撞击，推回手柄时速度要快一些，只是在接近最终位置时，把推动速度减慢。主轴运转中不宜变速。

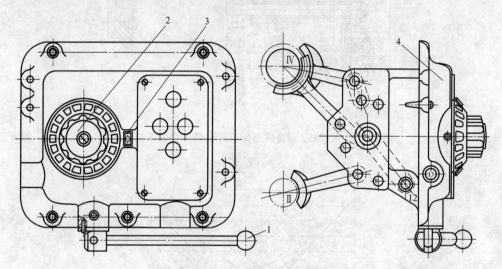

图 2-3-4　主轴箱外观图
1—手柄　2—刻度盘　3—指针　4—箱体

4. 进给系统部分

如图2-3-1、图2-3-5 和图2-3-6 所示。

进给系统是由法兰盘式电动机拖动，该电动机安装在升降台内，齿数为26 的齿轮直接安装在电动机轴上，该齿轮与主轴箱Ⅱ轴上的齿数为44 的齿轮啮合。移动Ⅲ轴和Ⅴ轴上的两个三联齿轮，可以使Ⅴ轴得到9 种转速，当Ⅴ轴上齿数为40 的齿轮向左推时，脱开离合器，Ⅴ轴的转速又可通过$\frac{13}{45} \times \frac{18}{40}$两对齿轮的降速传给Ⅵ轴，因此，Ⅵ轴有18 种转速。Ⅵ轴上的齿数为28 的齿轮与升降台上Ⅶ轴的齿轮（齿数为35）啮合，将运动传给Ⅶ轴。Ⅶ轴的转速再通过齿轮离合器和电动机的正

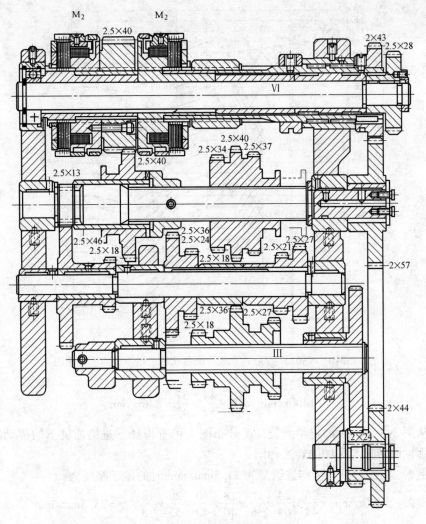

图 2-3-5　进给箱各轴展开图

反转，使Ⅶ轴旋转（升降运动）或Ⅹ轴旋转（工作台横向运动），Ⅸ轴的运动通过 $\frac{18}{16}$ 和 $\frac{18}{18}$ 两对锥齿轮及工作台部分离合器的接合，使纵向丝杠旋转实现工作台纵向运动。Ⅷ轴的运动通过 $\frac{22}{33}$ 和 $\frac{22}{44}$ 两对齿轮使垂直丝杠旋转实现升降运动。工作台纵、横、垂三个方向的运动只能选择一个，当操纵手柄同时选择两个方向运动时（如工作台部件上手柄扳向右，升降台部件上手柄扳向前），进给电动机立即断电而使进给停止。

当Ⅵ轴上的 M_3 电磁离合器通电时，M_2 电磁离合器即断电，实现快速运动，此时从电动机轴传给Ⅵ轴的传动路线为

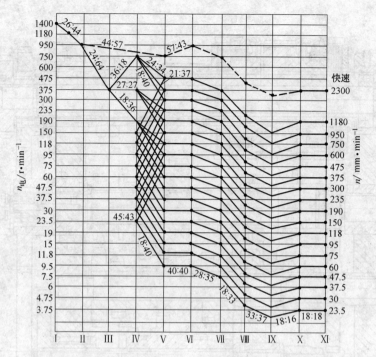

图 2-3-6 XA6132 型卧式万能升降台铣床进给系统速度分布图

$$1400r/min \times \frac{26}{44} \times \frac{44}{57} \times \frac{57}{43} = 846r/min$$

从图 2-3-6 所示的进给系统速度分布图上可查得任一进给速度下的传动路线。图上Ⅷ轴的转速与X轴的转速相同。

例 1 工作台纵、横向进给量为 23.5mm/min 时的传动路线为

横向 $1400r/min \times \frac{26}{44} \times \frac{24}{64} \times \frac{18}{36} \times \frac{18}{40} \times \frac{40}{40} \times \frac{28}{35} \times \frac{18}{33} \times 6 = 23.5mm/min$

纵向 $1400r/min \times \frac{26}{44} \times \frac{24}{64} \times \frac{18}{36} \times \frac{18}{40} \times \frac{40}{40} \times \frac{28}{35} \times \frac{18}{33} \times \frac{33}{37} \times \frac{18}{16} \times \frac{18}{18} \times 6 = 23.5mm/min$

例 2 例 1 中，若不改变进给速度，而垂向进给，即升降台部分的Ⅷ轴离合器接合，X 轴离合器脱开，此时传动路线为

$$1400r/min \times \frac{26}{44} \times \frac{24}{64} \times \frac{18}{36} \times \frac{18}{40} \times \frac{40}{40} \times \frac{28}{35} \times \frac{18}{33} \times \frac{22}{33} \times \frac{22}{44} \times 6 = 8mm/min$$

5. 进给变速部分

进给箱（见图 2-3-7）安装在升降台的左边。

变速进给速度的顺序如下：

1）把手柄 3 向前拉出。

2）转动手柄 3，把刻度盘 2 上所需要的进给速度对准指针 1。

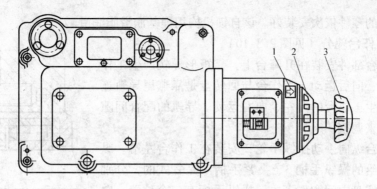

图 2-3-7　进给箱外观图

1—指针　2—刻度盘　3—手柄

3）将手柄 3 向前拉到极限位置，使电动机产生冲动，再迅速推回原始位置。改变进给速度，允许在开车的情况下进行。

6. 升降台部分（见图 2-3-8）

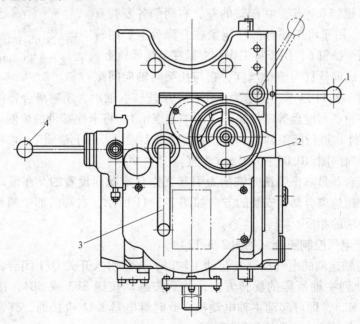

图 2-3-8　升降台部件装配图

1—升降台右后方手柄　2—手动横向操纵手抡　3—手动升降操纵手柄　4—横向和升降机动操纵手柄

升降台内安装有垂向滚珠丝杠副，并有防止向下溜车的可调自锁机构（见图 2-3-9）安装在Ⅷ轴上。该机构出厂前已调好，手摇向下的操纵力要比向上的操纵力大 20～30N，否则，就要重新调整。调整时升降台下面必须以木块支撑好，然后拆下Ⅷ轴上刻度盘等零件，露出法兰盘 1，松开螺钉 3；旋紧螺母 2，拧紧螺钉 3，再把拆下的零件依次安装好。该自锁机构用锂基润滑脂润滑。

7. 工作台部分（见图2-3-10）

工作台部件安装在升降台上，靠矩形导轨产生工作台的向前、向后运动。工作台与回转盘是靠燕尾导轨连接的，产生工作台的向左、向右运动。导轨的配合间隙都靠镶条来调整。

工作台纵向手动操纵手轮2安装在工作台左端。纵向机动进给的操纵手柄3、夹紧手柄4是复式的，分别安装在回转盘中间和左下方。操纵手柄有三个位置：向左、向右及停止。

接通电源后，首先要检查机动操纵手柄和所指方向与实际运动方向是否一致。如果不一致应立即倒换电源相序，否则会产生撞车事故。

回转盘7在床鞍9上可以左右各回转45°，两部分靠四个T形螺钉8连接。在床鞍的左、右两侧各安装有夹紧手柄4，用于将工作台部件压紧在升降台上。回转盘前端有两个螺钉6，用于将工作台夹紧在燕尾导轨上。

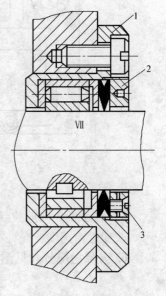

图 2-3-9　可调自锁机构
1—法兰盘　2—螺母　3—螺钉

工作台纵向丝杠为滚珠丝杠，它与托架间轴向间隙的调整如图2-3-11所示。图示为工作台左端丝杠、轴承、超越离合器的结构。调整时，将手轮、刻度盘等零件卸下（图中未表示），将卡住螺母的垫圈2松开，用螺母1（两件）进行间隙调整，调好后将螺母1锁紧，扣上垫圈2，再将拆下的零件装好，轴向间隙以0.03～0.05mm为宜。

超越离合器是防止顺铣时铣削力引起工作台窜动而设置的。在滚珠丝杠两端各安装一个超越离合器，安装的方向如图2-3-11所示，右端的那个超越离合器安装方向与左端的相反。

8. 机床电气控制部分（见图2-3-12）

（1）主轴运动的电气控制　起动主轴时，先将引入开关QF1闭合，再把换向开关SA4转到主轴所需的旋转方向，然后按起动按钮SB3或SB4，接通接触器KM1（或KM2），即可起动主轴电动机。此时继电器KA1也接通，其常开触点闭合，为工作台的进给运动控制做好准备。

停止主轴时，按停止按钮SB1或SB2，切断接触器KM1（KM2）线圈的供电电路，并接通YC1主轴制动电磁离合器，主轴即可停止转动。主轴运转时，因KM1（KM2）的常闭触点打开，YC1不能得电制动。

为了变速时齿轮易于啮合，必须使主轴电动机瞬时转动，当变速手柄推回原来位置时，压下行程开关SQ5，使接触器KM1（KM2）瞬时接通，主轴电动机即作瞬时转动。

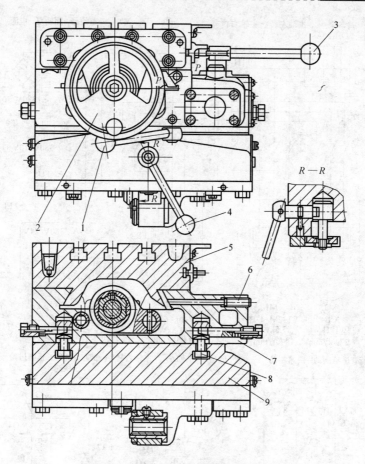

图 2-3-10　工作台左视图及剖视图

1、3—操纵手柄　2—手轮　4—夹紧手柄　5—工作台
6—螺钉　7—回转盘　8—T形螺钉　9—床鞍

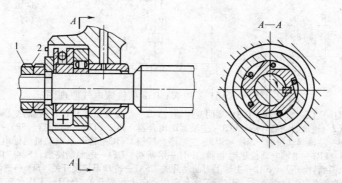

图 2-3-11　丝杠轴向间隙调整图及反向自锁机构

1—螺母　2—垫圈

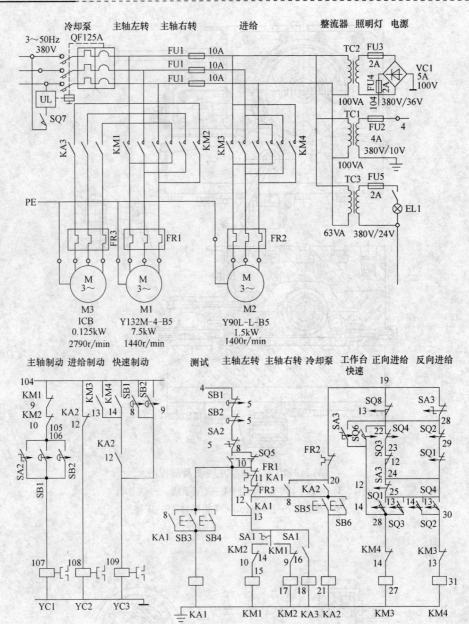

图 2-3-12　XA6132 和 XA5032 型铣床电气原理图

EL1—机床照明灯　VC1—整流器　TC3—照明变压器　TC2—整流变压器　TC1—控制变压器　YC3—快速制动离合器　YC2—进给制动离合器　YC1—主轴制动离合器　FU2～FU5—熔断器　SB5～SB6—快速进给按钮　SB3～SB4—主轴起动按钮　SB1～SB2—主轴停止按钮　FR3—冷却泵电动机热继电器　FR2—进给电动机热继电器　FR1—主轴电动机热继电器　FU1—熔断器　QF1—电源断路器　SA4—电源换向转换开关　SA3—圆工作台转换开关　SA2—主轴上刀制动开关　SA1—冷却泵转换开关　SQ6—进给变速冲动行程开关　SQ5—主轴变速冲动行程开关　SQ4—工作台向后及向上行程开关　SQ3—工作台向前及向下行程开关　SQ2—工作台向左进给行程开关　SQ1—工作台向右进给行程开关　KA1—调试继电器　SQ7—左门防护联锁用行程开关　KA3—冷却泵起动继电器　KA2—快速进给继电器　KM4—反向进给接触器　KM3—正向进给接触器　KM2—主轴电动机右转起动接触器

（2）进给运动的电气控制　升降台的上下运动和工作台的前后运动完全由操纵手柄来控制，手柄的联动机构与行程开关相连接。该行程开关安装在升降台的左侧，后面的一个是 SQ3 控制工作台的向前及向下运动，前面一个是 SQ4，控制工作台向后及向上运动。

工作台的左右运动也由操纵手柄来控制，其联动机构控制着行程开关 SQ1 和 SQ2，分别控制工作台向右及向左运动，手柄所指方向即是运动的方向。

SQ1（SQ2）与 SQ3（SQ4）是互锁的。当升降台手柄与工作台手柄同时扳动时，例如 SQ1 与 SQ3 的常开触点接通，则其常闭触点断开，两条回路同时断开，KM4 和 KM3 均不能得电，即进给电路不能起动，工作台进给停止。

只有在主轴起动以后，进给运动才能起动，未起动主轴时，可进行工作台快速运动，即将操纵手柄选择到所需位置，然后按下快速按钮（SB5 或 SB6），即可进行快速运动。

变速时，当手柄 1（见图 2-3-4）向前拉至极端位置，而在反向推回之前，借孔盘推动行程开关 SQ6，瞬时接通接触器 KM3，则进给电动机作瞬时转动，使齿轮易于啮合。

（3）快速行程电气控制　主轴开动后，将进给机操纵手柄扳到所需要的位置，则工作台就开始按手柄所指的方向以选定的速度运动，此时如将快速按钮 SB5 或 SB6 按下，接通继电器 KA2 线圈，接通 YC3 快速离合器，并切断 YC2 进给离合器，工作台即按原运动方向作快速移动，放开快速按钮时，快速移动立即转换为原进给速度继续运动。

（4）圆工作台的回转运动控制　圆工作台是机床的一个附件，可以手动回转，也可以通过工作台的光杠由进给电动机驱动。在选择圆工作台机动回转时，首先把圆工作台转换开关 SA3 扳到接通位置，然后操纵起动按钮，则接触器 KM1（或 KM2）、KM3 相继接通主轴和进给两个电动机，圆工作台与机床工作台的控制具有电气联锁，在使用圆工作台机动时，机床工作台不能作其他方向的机动进给。

（5）主轴装刀的制动控制　在装卸刀具时，先将转换开关 SA2 扳到接通位置，使主轴不能转动。装刀完毕，再将转换开关扳到断开位置，主轴方可起动。否则，主轴起动不了，工作台进给也起动不了。

（6）冷却泵与机床照明控制　将转换开关 SA1 扳到接通位置，冷却泵电动机即行起动。机床照明有照明变压器 TC3 供电，电压为 24V，照明灯本身有开关控制。

（7）开门断电控制　左门由门锁控制电源断路器 QF1，达到开门断电。右门中行程开关 SQ7 与电源断路器 QF1 失压线圈相连。当开右门时，SQ7 闭合，使电源断路器 QF1 断开，达到开门断电。注意，此时 SQ7 仍带电。

9. 机床允许的最大切割范围

应按照表 2-3-10 给出的切削规范选择切削用量，使机床在允许的切削范围内工作，以免产生振动和损坏机床。

表 2-3-10 XA6132 型卧式万能升降台铣床的最大切削规范

项目	刀 具				试 块	
	名称	材料	直径/mm	齿数	材料	力学性能
1	圆柱铣刀	W18Cr4V	110	8	HT150	硬度 129 ~ 192HBW
2	镶片面铣刀	YT15	100	4	45 钢	抗拉强度 = 600MPa

项目	切 削 规 范				功率/kW	
	主轴转速 /(r/min)	进给量 /(mm/min)	切削宽度 /mm	吃刀量 /mm	主电动机	进给电动机
1	47.5	118	100	8	4	小于或等于 1.5
2	750	750	50	3	7.5	小于或等于 1.5

五、XA5032 型立式升降台铣床简介

XA5032 型立式升降台铣床是北京一机床厂自行设计、生产的。这种立式铣床的底座、升降台、进给箱、主轴变速操纵机构等部分，完全与 XA6132 型卧式万能升降台铣床相同。其工作台部件，只有两层，上层是工作台，下层是工作台底座，两者靠燕尾形导轨连接，产生工作台的向左、向右运动，工作台不能回转。工作台部件安装在升降台上，按矩形导轨进行向前、向后运动。除立铣头外，各部分的操纵完全与 XA6132 型卧式万能升降台铣床相同。

1. 机床主要规格

（1）工作台部分

工作台工作面积（宽 × 长）	320mm × 1250mm
工作台最大纵向行程手动/机动	700mm/680mm
工作台最大横向行程手动/机动	255mm/240mm
工作台最大垂向行程手动/机动	370mm/375mm
T 形槽数	3
T 形槽宽度	18mm
T 形槽间距离	70mm

（2）主轴部分

主轴锥度	7:24
主轴孔径	29mm
刀杆直径	32mm；50mm
主轴前轴承直径	90mm

主轴轴向移动距离	100mm
立铣头最大回转角度	±45°

（3）部件之间主要尺寸

主轴端面到工作台台面的距离	
最小	60mm
最大	430mm
主轴中心线至床身垂直导轨的距离	350mm

（4）机动性能

主轴转速级数	18
主轴转速范围	30 ~ 1500r/min
工作台进给量级数	18
工作台纵向及横向进给量范围	23.5 ~ 1180r/min
工作台垂向进给量范围	8 ~ 394r/min
工作台纵向及横向快速移动速度	2300mm/min
工作台垂向快速移动速度	770mm/min

（5）其他部分

主传动电动机功率	7.5kW
主传动电动机转速	1400r/min
进给电动机功率	1.5kW
进给电动机转速	1400r/min
冷却泵电动机功率	0.125r/min
冷却泵电动机转速	2790r/min
机床外形尺寸（长×宽×高）	2272mm×1770mm×2094mm
机床质量	2800kg

2. 主轴传动系统

主轴的传动系统图和主轴转速分布图分别如图 2-3-13 和图 2-3-14 所示。

机床主轴由功率为 7.5kW 的电动机经弹性联轴器与 I 轴相联，通过 7 根轴及其上的齿轮，将动力输出到立铣头主轴上，在 II 轴及 IV 轴上，共有两个三联滑动齿轮和一个双联滑动齿轮，由变速机构的拨叉操纵，可使主轴获得 18 种转速。

从图 2-3-14 所示的转速分布图中可查得主轴任一种转速下的传动路线。

例1　当主轴转速为 30r/min 时，传动路线为

$$n_1 = 1440\text{r/min} \times \frac{26}{54} \times \frac{16}{39} \times \frac{18}{47} \times \frac{19}{71} \times \frac{29}{29} \times \frac{55}{55} = 30\text{r/min}$$

例2　当主轴转速为 750r/min 时，传动路线为

$$n_{15} = 1440\text{r/min} \times \frac{26}{54} \times \frac{22}{33} \times \frac{28}{37} \times \frac{82}{38} \times \frac{29}{29} \times \frac{55}{55} = 750\text{r/min}$$

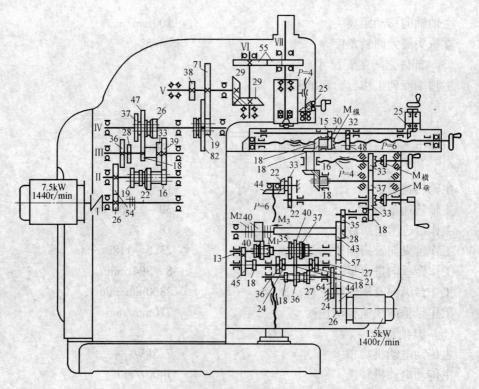

图 2-3-13　XA5032 型立式升降台铣床传动系统图

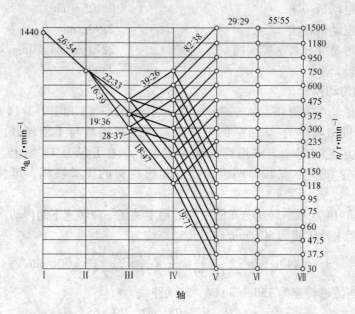

图 2-3-14　XA5032 型立式升降台铣床主轴转速分布图

3. 立铣头部分（见图2-3-15）

立铣头安装在床身上部弯头的前面，用圆柱面定位。立铣头能相对于床身向

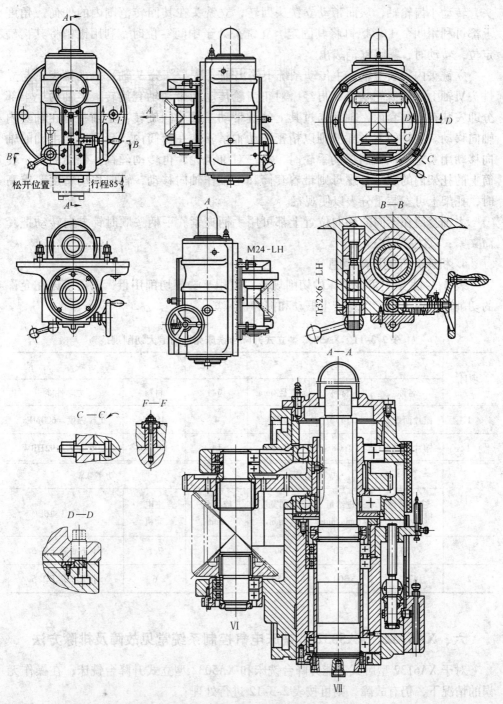

图 2-3-15　XA5032 型立式升降台铣床立铣头

左右各回转45°。回转运动是通过小齿轮带动一段弧形的齿圈而获得，齿圈固定在回转头的本体上，而小齿轮则安装在床身弯头的左侧，小齿轮轴的外露端为六角头，转动小齿轮轴，从而带动立铣头回转，立铣头在其回转范围内的任何一角度上都可利用四个T形螺钉将其固定。立铣头处于中间零位时，利用锥销将其精确定位，转动时，需将锥销拔出。

立铣头内安装主轴，主传动系统中输出轴（床身部分V轴）上的锥齿轮与立铣头VI轴上的锥齿轮啮合，再经一对正齿轮传动而带动轴套旋转，主轴的上半部分即安装在此轴套内，轴套通过其上的键带动主轴一同旋转，主轴并可在轴套内轴向移动。主轴的下半部分则以精密滚动轴承安装在套筒内。套筒连同主轴的轴向移动用手轮操纵，当摇动手轮时，经一对锥齿轮，再传动丝杠，带动固定于套筒上的托架内的螺母，螺母则带着套筒和主轴作轴向移动，轴向移动精度要求高时，托架上可安装千分表以便观察。

主轴套筒在不同的轴向位置上都可用手柄夹紧。手柄按顺时针方向转动把套筒夹紧；反之，则松开。

4. 机床允许的切削范围

表2-3-11给出了该铣床的切削规范，可用于选择切削用量，以使机床在允许的切削范围内工作，以免产生振动和损坏机床。

表 2-3-11　XA5032 型立式升降台铣床允许的最大切削规范

项目	刀　具				试　块	
	名称	材料	直径/mm	齿数	材料	力学性能
1	镶片面铣刀	YT15	100	4	45钢	抗拉强度 = 600MPa
2	镶片面铣刀	YG8	250	14	HT150	硬度 129 ~ 192HBW

项目	切削范围				功率/kW	
	主轴转速 /(r/min)	进给量 /(mm/min)	切削宽度 /mm	吃刀量 /mm	主电动机	进给电动机
1	750	750	50	3	7.5	小于或等于1.5
2	47.5	300	150	4	6	小于或等于1.5

六、XA6132、XA5032 型铣床电气控制系统常见故障及排除方法

对于 XA6132 型卧式万能升降台铣床和 XA5032 型立式升降台铣床，在操作无误的情况下，仍有故障，则可按表2-3-12进行处理。

表 2-3-12　XA6132、XA5032 型铣床电气控制系统常见故障及排除方法

常 见 故 障	检查部位及排除方法
主轴不起动	1. 检查并排除主轴变速冲动行程开关 SQ5 常闭触点（8、10）接触不良的因素 2. 检查并排除 FR1 主轴电动机热继电器常闭触点接触不良的因素 3. 检查并排除 SB1、SB2 按钮常闭触点（4、5）接触不良的因素 4. 检查 KA1 常开触点（12、13）是否闭合，如不闭合，排除 KA1 继电器不吸合的故障 5. 检查主轴上刀制动 SA2 常闭触点（7、8）是否接好；如未闭合，予以闭合 6. 检查电源是否缺相
进给变速无冲动	1. 检查并排除 SQ1、SQ2、SQ3、SQ4 的常闭触点接触不良的因素 2. 检查 SQ6 常开触点在拉动手柄时能否闭合，应使之可靠闭合 3. 检查 SQ6 的 22 或 26 号线是否断路并予以更换
工作台左右无运动	检查并排除 SQ6、SQ3、SQ4 常闭触点接触不良的因素
工作台前后或上下无运动	检查并排除 SQ6、SQ1、SQ2 常闭触点接触不良的因素
进给电动机不转	1. 检查并排除 FR2 热继电器常闭接触不良的因素 2. 检查并排除 KA1 常开触点不吸合的因素 3. 检查 FU3、FU4 熔断器是否熔断，造成熔断的原因是电磁离合器 YC2、YC3 线圈短路或者是电刷短路 4. VC1 整流器硅管烧坏，直流电压不够
进给无快速	检查 YC3 线圈是否短路，更换 YC3 电磁离合器
进给无常速	检查 YC2 线圈是否短路，更换 YC2 电磁离合器

七、XA6132、XA5032 型铣床的操作规程和保养

1. 操作前准备工作

① 按润滑图表要求加润滑油。按动手压油泵对导轨注油。检查油箱内油质、油量，油量不足时补充新油。

② 低速运转主轴和运动工作台 3～5min，检查主轴箱各轴运转有无异常，各限位是否可靠，变速是否良好，主轴箱油标是否上油。

③ 对升降台各导轨注油，工作台上下前后运转数次。

④ 确认机床各部分运转正常后，方可正式工作。

2. 按操作规程操作

① 装夹工件和刀具必须牢固。

② 按机床说明书各项要求使用机床，不准超负荷使用。

③ 工作台面上不需放置工具、量具及其他杂物。

④ 安装各类工夹具时，应先擦净工作台面，修光飞边并牢固夹紧。

⑤ 工作台三个行程方向上无任何物件阻挡，保证行程撞块工作可靠。

⑥ 主轴变速和测量工件时应停机。离开机床时应停机并关闭电源。

⑦ 快速移动工作台或对刀时，要防止刀具与工件碰撞。工作台上升运动时，要防止工件与悬梁支架碰撞。

⑧ 在工作台运行中，要先松开相关方向的锁紧螺钉。

⑨ 专心操作，不准运转时离机或委托他人代管。

⑩ 发现机床有异常现象时，应立即停机检查。发生设备事故后应立即停机，保护现场并逐级上报。

3. 操作后现场整理

① 将各操作手柄置于非机动位置，切断总电源。

② 擦拭机床，外露导轨面涂油，清扫工作场地。

③ 妥善收存各种工具、量具、附件等。

④ 填写设备运行记录和交接班记录。

4. 保养的分类

设备的三级保养分别是日常保养、一级保养和二级保养。

（1）日常保养 每班进行一次，班前、班后各用 10～20min 保养，由设备操作者进行。

（2）一级保养 设备运转 600h 后进行一次。电气部分保养由电工配合，其余保养均由设备操作者负责进行。

（3）二级保养 设备运转 3000h 后进行一次。由机电维修人员进行保养，设备操作者参加。

5. XA6132、XA5032 型铣床的一级保养

XA6132、XA5032 型铣床一级保养的部位、内容及要求见表 2-3-13。

表 2-3-13　XA6132、XA5032 型铣床一级保养的部位、内容及要求

序号	保养部位	保养内容及要求
1	机床外表	擦拭机床外表，要求清洁、无油污、无"黄袍"，各罩、盖内外清洁
2	主轴与导轨	1. 检查主轴锥孔有无划伤，用吸油石、金刚砂纸去毛刺，擦拭干净 2. 检查各导轨有无研伤，去飞边并注油 3. 摇出主轴套筒，去飞边，擦净并注油
3	工作台及升降台	1. 清洗各部丝杠，丝杠轴向应无明显窜动 2. 调整镶条，镶条与导轨面间 0.04mm 塞尺塞不入 3. 清洗油泵，检查油路是否畅通 4. 清洗油毡，更换损坏的油毡 5. 各部分油标应清晰

（续）

序号	保 养 部 位	保养内容及要求
4	冷却系统	1. 清洗冷却泵、过滤网 2. 检查切削液是否清洁，清除杂物 3. 检查冷却管有无损坏
5	主轴箱、进给箱	1. 检查主轴箱、进给箱润滑是否良好 2. 检查齿轮啮合是否良好 3. 检查变速系统是否正确可靠
6	电气	1. 清扫电气箱内尘土、油污 2. 检查线路触点是否牢固、有无损坏 3. 擦拭电动机
7	试车	试车检查机床运转是否正常，各限位是否可靠

第四章

铣 床 夹 具

一、夹具的构成及定位原理

图 2-4-1 所示为液压铣床夹具结构，它由各元件组成，各元件的定义及特定功能见表 2-4-1。

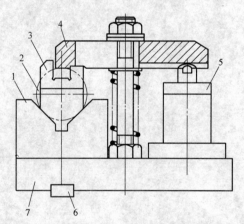

图 2-4-1　液压铣床夹具结构

1—V 形块　2—工件　3—对刀块　4—压板　5—液压缸　6—定位键　7—夹具体

表 2-4-1　各元件的定义及特定功能

名　称	定义及功能
定位件	与工件定位基准接触的夹具元件称为定位件。它使被加工工件对刀具保持正确的相对位置。图 2-4-1 中的 V 形块即为定位件
夹紧件	用以消除加工过程中因受切削力或由于工件自重而产生移动或振动的夹具元件称为夹紧件或夹紧装置。图 2-4-1 中的压板即为夹紧件。它与弹簧、螺栓、液压缸等组成夹紧装置
对刀装置	使刀具对于夹具（或机床工作台）得到正确位置的装置。通常由对刀块和塞规组成

（续）

名　称	定义及功能
导向件	导向件主要用以确定机床与夹具键的位置。图 2-4-1 中的定位键即为导向件。定位后，采用螺栓将夹具紧固在机床上
夹具体	用以将夹具的各个元件、部件或各个装置组成一个统一的结构，即夹具体能使定位件、夹紧件以及其他的元件得到固定，且通过夹具体将整个夹具固定到机床上
特种装置	完成特殊功能的原件或装置，例如分度装置、分离装置、靠模装置等

　　为了保证工件在夹具中有确定的位置，需要限制工件对夹具的自由度。位于空间的刚体，相对于 3 个相互垂直的坐标轴共有 6 个自由度，即沿 x、y、z 轴的移动和绕 x、y 及 z 轴的转动。对这 6 个自由度的限制，称为六点定位。刚体的 6 个自由度如图 2-4-2 所示。

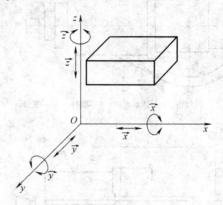

图 2-4-2　刚体的 6 个自由度

　　按照铣削形式的不同，必须限制的自由度也不同。达到 6 个的，称为完全定位（或 6 点定位）；不足者，称为欠定位（按照限制自由度的数目称为某几点定位）；超过 6 个触点的称为过定位，必须有相应的措施才能实现。过定位所限制的自由度，仍不会超过 6 个。

二、常用夹具

　　本章重点介绍机用虎钳、回转工作台和分度头等。其优点是适应性强，即无需调整或稍加调整就可以用来加工不同工件，因而可以缩短生产准备周期，在多品种生产中能减少夹具品种，降低工装成本。

　　近年来，高精度、高效率的气动台虎钳、液压台虎钳等通用夹具有了迅速发展，在大批量生产中通用夹具的使用正日益增多。

　　生产中常用的机用虎钳、气动台虎钳、回转工作台、分度头的主要技术参数，分别见表 2-4-2 ~ 表 2-4-5。

表 2-4-2 机用虎钳

1. 机用虎钳基本参数和尺寸（JB/T2329—2011）

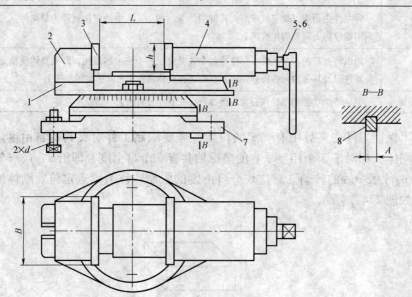

1—钳身 2—固定钳口 3—钳口垫 4—活动钳口 5—螺杆 6—螺母 7—底座 8—定位键

型式Ⅰ

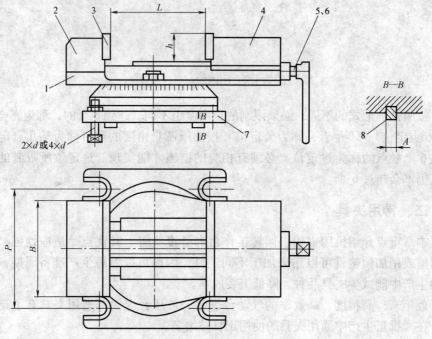

1—钳身 2—固定钳口 3—钳口垫 4—活动钳口 5—螺杆 6—螺母 7—底座 8—定位键

型式Ⅱ

（续）

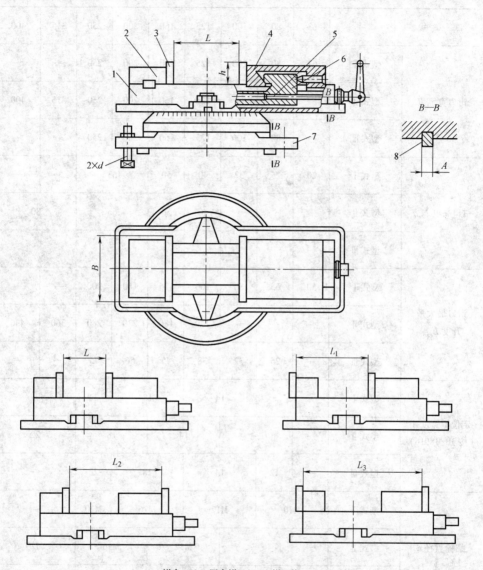

1—钳身 2—固定钳口 3—钳口垫 4—活动钳口
5—螺杆 6—螺母 7—底座 8—定位键
L_1、L_2、L_3 为钳口垫具有的另外三种安装位置
型式Ⅲ

（续）

（单位：mm）

规格		63	80	100	125	160	200	250	315	400
钳口宽度 B	型式Ⅰ	63	80	100	125	160	200	250	—	—
	型式Ⅱ	—	—		125	160	200	250	315	400
	型式Ⅲ	—	80	100	125	160	200	250	—	—
钳口高度 h_{min}	型式Ⅰ	20	25	32	40	50	63		—	—
	型式Ⅱ				40	50	63		80	
	型式Ⅲ									
钳口最大张开度 L_{min}	型式Ⅰ	50	65	80	100	125	160	200	—	—
	型式Ⅱ	—	—		140	180	220	280	360	450
	型式Ⅲ	—	25	32	38	45	56	75	—	—
定位键宽度 A（按 JB/T8016）	型式Ⅰ	12		14		18		22		—
	型式Ⅱ	—			14		18		22	
	型式Ⅲ	—	12		14		18		22	—
螺栓直径 d	型式Ⅰ	M10		M12		M16		M20		
	型式Ⅱ	—		—	M12		M16		M20	
	型式Ⅲ	—	M10		M12		M16		M20	—
螺栓间距 P	型式Ⅱ（$4 \times d$）	—	—	—	—	160	200	250	320	

（续）

2. Q12 型转台式铣床机用虎钳

| 型号 | 原型号 | 技术规格 | | | | | | | | | | 外形尺寸（长×宽×高）/mm | 净质量/kg |
		钳口宽度/mm	钳口最大张开度/mm	钳口高度/mm	丝杠方头对边宽度/mm	定位键宽度/mm	紧固螺栓直径/mm	压口螺栓间距/mm	夹紧力/N	夹紧力矩/N·m		
Q1276	QH3"	76	60	35	12	14	M10		12000	20	230×114×105	7.6
Q1280	QH80	80	65	35							259×130×105	10.0
				34							260×128×100	8.0
				35							230×120×95	7.0
						10					330×138×105	9.9
						12					241×120×108	9.0
Q12100	QH100	100	80	40	17	14	M12		20000	35	310×160×120	17.0
											380×145×125	14.0
				38							295×152×125	16.0
				35							280×148×108	10.8
				38							257×134×105	11.0
											360×156×110	15.0
				40							300×148×120	14.0
											292×148×122	15.0
Q12125	QH125	125	100	45					25000	47	343×180×125	22.0
				32							430×178×140	23.6
				45							445×177×118	27.0

（续）

型号	原型号	钳口宽度 /mm	钳口最大张开度 /mm	钳口高度 /mm	丝杠方头对边宽度 /mm	定位键宽度 /mm	紧固螺栓直径 /mm	压口螺栓间距 /mm	夹紧力 /N	夹紧力矩 /N·m	外形尺寸（长×宽×高）/mm	净质量 /kg
Q12125	QH125	125	100	45							430×155×140	22.3
											330×178×145	24.0
				40							326×166×118	16.0
				44							304×157×122	16.0
				45							430×178×140	26.0
											340×175×136	24.0
											330×178×140	24.0
Q12136	QH136	136	110	42		12	M10				338×166×120	18.0
			170	36	17	14	M12				405×163×120	19.1
			128	46							362×187×144	29.0
				50							404×230×155	39.0
											530×222×165	43.9
											530×222×165	42.0
											533×219×138	35.7
Q12160	QH160	160	125		17	18	M16		30000	65	405×222×170	39.0
				46							556×242×160	49.0
				44							385×220×148	31.0
											630×330×201	37.0

（续）

型号	原型号	钳口宽度/mm	钳口最大张开度/mm	钳口高度/mm	丝杠方头对边宽度/mm	定位键宽度/mm	紧固螺栓直径/mm	压口螺栓间距/mm	夹紧力/N	夹紧力矩/N·m	外形尺寸（长×宽×高）/mm	净质量/kg
Q12160	QH160	160	125	50	19	18	M16		30000	65	411×222×166	41.0
			160	63							465×220×200	40.0
											415×219×160	40.0
				60							405×222×165	42.0
Q12200	QH200	200	220	63					40000	82	468×270×175	65.0
											655×265×180	72.7
				56							495×265×200	73.0
			160	60							655×265×194	63.4
				63							460×245×166	47.0
				60							459×253×173	53.0
											500×300×181	56.0
											655×265×194	60.0
				56							440×242×183	55.0
				63							495×265×194	72.0
				56							655×265×194	66.0
Q12250	QH250	250	280		22	22			50000	106	640×340×250	90.0
											635×330×201	88.9
											635×330×207	89.0

技术规格

表 2-4-3　气动台虎钳

简图	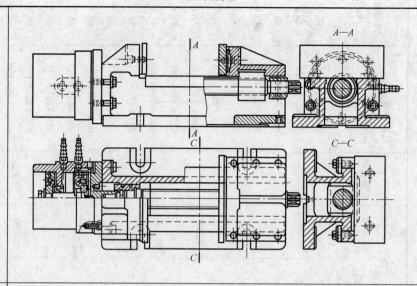
说明	由简图可知，气动台虎钳工作时，气缸中的活塞带动丝杠运动，通过螺母，使活动钳口夹紧或松开。由于活塞的行程不长，钳口的移动距离也很小，当加工不同种工件而尺寸又有较大变化时，只需旋动丝杠便可调节活动钳口到固定钳口的初始距离，以适应不同工件的尺寸变化 　　气动台虎钳操作方便，调整简单，工作省力、快捷。若需要更大的夹紧力，可将其气缸部位改装成液压缸，成为液压台虎钳

表 2-4-4　回转工作台

1. 回转工作台的主要参数（JB/T 4370—2011）

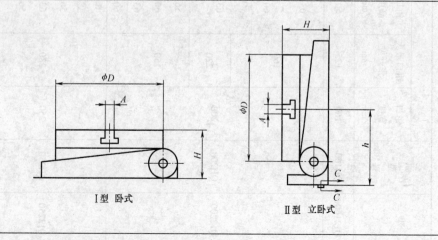

Ⅰ型 卧式　　　　　　Ⅱ型 立卧式

（续）

1. 回转工作台的主要参数（JB/T 4370—2011）

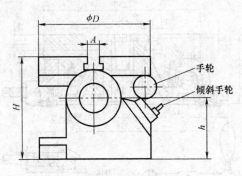

Ⅲ型　可倾式

工作台直径 D/mm		200	250	315	400	500	630	800	1000
H_{max}/mm	型式Ⅰ	90	100	120	140	160	180	220	250
	型式Ⅱ	100	125	140	170	210	250	300	350
	型式Ⅲ	180	210	260	320	380	460	560	700
h_{max}/mm	型式Ⅱ	150	185	230	280	345	415	510	610
	型式Ⅲ	130	160	200	250	300	360	450	550
中心孔莫氏圆锥（GB/T 1443）		3		4		5		6	
中心孔（直径×深度）/mm		30×6		40×10		50×12		75×14	
A/mm（GB/T 158）		12		14		18		22	
B/mm（JB/T 8016）		14		18		22		22	
转台手轮刻度值/(′)		1							
转台手轮游标分划值/(″)		10							
可倾角度（Ⅲ型）/(°)		0~90							

（续）

2. 手动回转工作台的结构简图

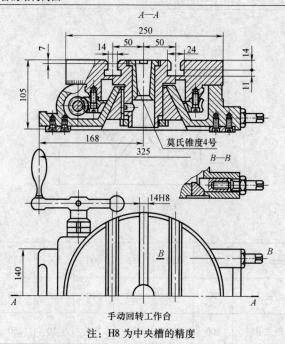

手动回转工作台

注：H8 为中央槽的精度

3. 机械传动回转工作台的结构简图

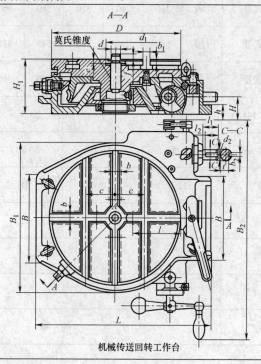

机械传送回转工作台

（续）

4. T11 型机动回转工作台

型 号	原 型 号	技 术 规 格				
		工作台台面直径 /mm	中心孔莫氏圆锥	中心锥孔大端直径 /mm	定位孔直径 /mm	定位键宽度 /mm
T11320	TJ32	320				
T11400	TJ400	400	4	31.267	38、40	
						18
T11500	TJ500	500	5	44.399	50	
T11630	TL630	630				
T11400—1	TJ400-1	400	4	31.267	38	

技 术 规 格						外形尺寸	净质量
T形槽宽度 /mm	度、分秒刻划值	蜗杆副传动比	分度精度		重复精度	（长×宽×高） /mm	/kg
			普通	精密			
14	4°、2′	90				586×450×132	77
						630×483×140	97
	3°、2′	120				669×538×140	125
18					1′	695×570×140	132
						748×627×150	173
	2°、1′	180				855×925×150	280
14	3°、2′	120				668×591×140	125

表 2-4-5 分度头

1. 分度头的主要参数

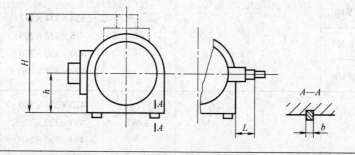

125

（续）

中心高 h/mm	80	100	125	160	200	250
主轴孔莫氏圆锥		3		4		5
分度系统传动比				1:40		
主轴直立时轴肩支承面到底面的距离 H/mm	≤190	≤220	≤250	≤320	≤400	≤500
主轴由水平位置向下转动的角度				≥5°		
主轴由水平位置向上转动的角度				≥95°		
定位键宽度 b/mm		14		18		22
		93		103		—

2. F11 系列万能分度头的主要规格

型 号	原型号	技 术 规 格							
		中心高/mm	主轴孔莫氏圆锥	主轴锥孔大端直径/mm	主轴法兰盘定位短锥直径/mm	蜗杆副传动比	主轴水平位置升降角	定位键宽度/mm	所配圆工作台直径/mm
F1180	FW80	80	3	23.825	36.541			14	
F11125A	FW125	125	4	31.267	53.975	40	+90° ~ -6°	18	
F11125									
F11160	FW160	160							
F11100A		100	3	23.825	41.275		+95° ~ -5°	14	125
F11125A		125	4	31.267	53.975	40		18	160
F11160A		160							200

3. F11 系列万能分度头的主要规格

型 号	原型号	技 术 规 格					
		供气压力/MPa	分度精度		重复精度		外形尺寸（长×宽×高)/mm	净质量/kg
			普通	精密	普通	精密		
F1180	FW80						334×334×147	36
F11125A	FW125			1'			416×373×209	80
F11125							420×450×270	119
F11160	FW160						477×477×260	125
F11100A			±1'		±45″		410×375×190	67
F11125A							470×330×225	119
F11160A							470×330×260	125

（续）

4. FN 系列等分分度头的主要规格

技术参数 \ 型号	FN125—1M	FN125	FN160
中心高（卧用时）/mm		125	160
主轴法兰盘端面至底面高度（立用时）/mm		190	220
可等分数	2、3、4、6、8、12、24		
主轴锥度（莫氏）		4	5
定位键宽度/mm	12		18
主轴法兰盘定位短锥直径/mm	ϕ53.975		ϕ63.512

三、典型夹具

1. 偏心夹紧机构

用偏心件直接或间接夹紧工件的机构，称为偏心夹紧机构。

1）偏心夹紧机构及受力如图 2-4-3 所示。工件定位后，通过偏心扳手的转动，产生的力通过杠杆原理，产生夹紧力，将工件夹紧。

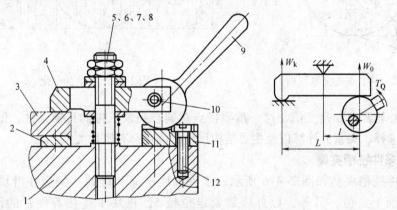

图 2-4-3　偏心夹紧机构及受力

1—夹具体　2、11—垫块　3—工件　4—压板　5—螺栓　6—弹簧
7—球形垫圈　8—螺母　9—偏心扳手　10—定位销　12—螺钉

2）偏心夹紧原理及其特点。偏心夹紧原理如图 2-4-4 所示，O_1 是圆偏心轮的几何中心，R 是几何半径，O_2 是圆偏心轮的回转中心，O_1O_2 之间的距离 e 称为偏心距。当偏心轮绕 O_2 点回转时，圆周上各点到 O_2 的距离不断地变化，即 O_2 到工件夹紧面间距离 h 是变化的，偏心轮就是由于这个 h 值的变化而实现对工件的夹紧。由图 2-4-4 可知

$$h = \overline{O_1 X} - \overline{O_1 M} = R - e\cos\gamma$$

式中　R——偏心轮半径；

　　　e——偏心距；

　　　γ——$O_1 O_2$ 连线与 $O_1 X$ 连线之间的夹角（X 为夹紧点）。

偏心轮（见图 2-4-4，按 OA 展开）实际上相当于图 2-4-5 所示的一个特形斜楔，其特点为升角 α（相当于楔角）不是一个常数，而与圆周上夹紧点 X 的位置（即与 γ 角）有关，任意一点 X 的升角为

$$\alpha_X = \arctan \frac{\overline{O_2 M}}{MX} = \arctan \frac{e\sin\gamma}{R - e\cos\gamma}$$

当 $\overline{O_2 P}$ 与 $\overline{O_1 O_2}$ 垂直时，夹紧点为 P，升角 α 达到最大值 α_P，即

$$\alpha_P = \arcsin \frac{e}{R} = 90° - \gamma$$

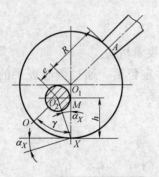

图 2-4-4　偏心夹紧原理

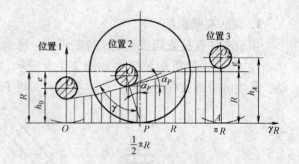

图 2-4-5　h 值的变化

偏心轮升角 α 是变值，这一重要特点对偏心夹紧机构的自锁条件、偏心轮工作段的选择、夹紧力计算以及主要结构尺寸的确定都有密切关系。

2. 多件铣槽夹具

多件铣槽夹具如图 2-4-6 所示。工件以底平面和键的一侧面在滑块 4 的顶面和侧面上定位，另外，以外缘靠紧定位板 5。楔块 1 连接着气缸的活塞杆，夹紧时通过摆块 2 推动摆动压块 3 将各滑块连接推动，压紧六个工件。若拆下楔块 1、摆块 2，装上螺旋副及压板机构（图中双点画线所示的 H 部分），也可手动夹紧。

3. 端面凸轮夹紧机构

端面凸轮夹紧机构是利用端面凸轮斜面的楔紧作用，直接或间接夹紧工件的，且具有自锁功能，如图 2-4-7 所示。将工件在胎具上定位后，转动手柄带动凸轮转动，从而产生夹紧力通过压板将工件夹紧。

4. 液压夹具

以圆周进给铣削夹具（见图 2-4-8）为例简单介绍。

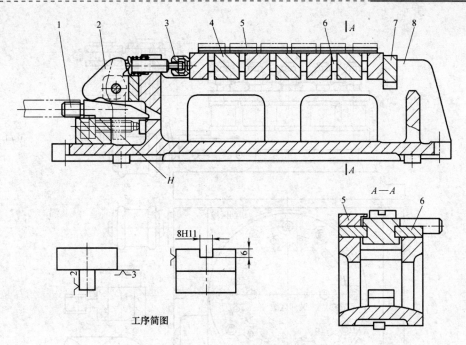

图 2-4-6 多件铣槽夹具

1—楔块 2—摆块 3—摆动压块 4—滑块 5—定位块 6—导向板 7—可翻开的支承块 8—夹具体

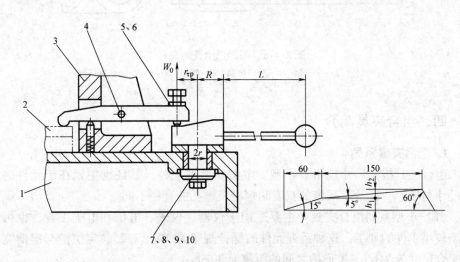

图 2-4-7 端面凸轮夹紧机构

1—胎座 2—工件 3—胎体 4—支承销 5—压板 6—调整螺钉

7—凸轮 8—手柄 9—套 10—紧固螺钉

　　圆周进给铣削夹具是在带回转工作台的立式铣床上，连续铣削拨叉的上、下两端面。工件以圆孔、端面、外侧面在定位销 2 和挡销 4 上定位。由液压缸 6 驱动拉杆 1 通过开口垫圈 3 将工件夹紧。

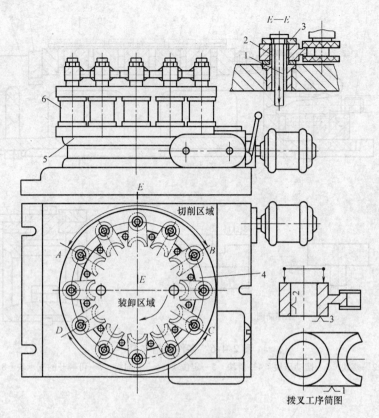

图 2-4-8　圆周进给铣削夹具

1—拉杆　2—定位销　3—开口垫圈　4—挡销　5—转台　6—液压缸

四、组合夹具简介

1. 组合夹具系列

组合夹具按其尺寸规格有小型、中型和大型三种，其区别主要在于元件的外形尺寸与壁厚，以及 T 形槽的宽度和螺栓及螺孔的直径不同。

（1）小型系列组合夹具　主要适用于仪器、仪表、电信和电子工业，也可以用于较小工件的加工。这种系列元件的螺栓规格为 M8 × 1.25，定位键与键槽宽度的配合尺寸为 8H/h，T 形槽之间的距离为 30mm。

（2）中型系列组合夹具　主要适用于机械制造工业。这种系列元件的螺栓规格为 M12 × 1.5，定位键与键槽宽度的配合尺寸为 12H/h，T 形槽之间的距离为 60mm。这是目前应用最广泛的一个系列。

（3）大型系列组合夹具　主要适用于重型机械制造工业。这种系列元件的螺栓规格为 M16 × 2，定位键与键槽宽度的配合尺寸为 16H/h，T 形槽之间的距离为 60mm。

2. 组合夹具的基本单元和功用

（1）基础件（见图2-4-9） 包括各种规格尺寸的方形、矩形、圆形基础板和基础角铁等，是组合夹具中最大的元件，一般作为组合夹具中的基础件。

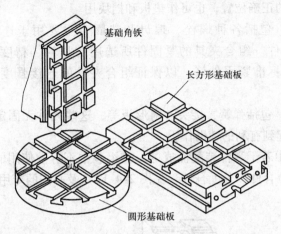

图 2-4-9 组合夹具的基础件

（2）支承件（见图2-4-10） 包括各种规格的垫片、垫板等，是组合夹具中的骨架元件。支承件通常在组合夹具中起承上启下的作用，即把其他元件通过支承件与基础件连成一体。支承件也可作为定位元件和基础件使用。

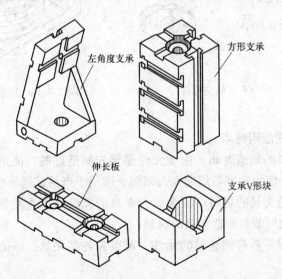

图 2-4-10 组合夹具的支承件

（3）定位件（见图2-4-11） 包括各种定位销、定位盘、定位键等，主要用于工件定位和组合夹具元件之间的定位。

（4）导向件　包括各种钻模板、钻套、铰套和导向支承等，主要用来确定刀具与工件的相对位置，加工时起引导刀具的作用，也可作定位元件使用。

（5）夹紧件　包括各种形状的压板及垫圈等，主要用来将工件夹紧在夹具上，保证工件定位后的正确位置，也可作垫板和挡块用。

（6）紧固件　包括各种螺栓、螺母和垫圈，主要用于连接组合夹具中各种元件及紧固工件。组合夹具的紧固件所选用的材料、精度、表面粗糙度及热处理均比一般标准紧固件好，以保证组合夹具的连接强度、可靠度和组合刚度。

（7）其他件　包括弹簧、接头、扇形板等，这些元件无固定用途，如使用合适，在组装中可起到有利的辅助作用。

（8）合件　由若干零件装配而成的，在组装中不拆散使用的独立部件，按其用途分类，有定位合件、分度合件（见图2-4-12）及必需的专用工具。

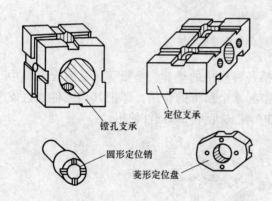

镗孔支承
定位支承
圆形定位销
菱形定位盘

图 2-4-11　组合夹具的定位件

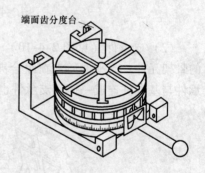

端面齿分度台

图 2-4-12　组合夹具的分度合件

3. 组合夹具的使用特点

（1）缩短夹具的制造时间　由于元件是预先制造好的，能迅速为生产提供所需要的铣床夹具，使生产准备周期大大缩短。适用于产品试制等小批量生产。

（2）节省制造夹具的材料　因为组合夹具的元件可以重复使用，铣床夹具一般都比较复杂，故可节省制造夹具的材料。

（3）适应性强　备有较充足的元件，可组装各类夹具，以适应不同的铣削加工要求。

（4）元件储备量大　为了组装各种不同的夹具，元件的储备量较大，对一些比较复杂的铣床夹具需要预先制作合件。

（5）刚度较差　由于组合夹具是多件组装而成的，与专用夹具相比，刚度较差，质量也比较大。因此，不宜制作工件较大或铣削力较大的铣床夹具。

（6）组合精度容易变动　由于多件组装，连接元件和定位元件多，接合面多，在使用或搬运中若发生碰撞，可能会使接合部位产生松动，导致组合精度变动。因此，不宜制作精度较高的铣床夹具。

（7）结构不宜紧凑　由于多件组装或组装元件种类和形式限制，以及组装技术限制，会使组合夹具结构较难达到紧凑要求。因此，不易制作需要工件装夹简便的铣床夹具。

第五章

铣削加工内容

本章介绍在 XA6132 型卧式万能升降台铣床及 XA5032 型立式升降台铣床上进行的各种铣削，在其他铣床上进行的铣削也可参考本章。本章介绍的齿轮、蜗轮等的铣削，属于单件、小批量生产。工件批量较大时，应在相应的机床上加工，以提高生产效率。

一、平面和斜面的铣削

1. 平面和斜面的铣削实例

（1）在卧式万能升降台铣床上铣削平面实例　见表 2-5-1。

表 2-5-1　在卧式万能升降台铣床上铣削平面

名　称	简图及说明	
周边铣削平面	将工件夹在机床用平口台虎钳上。台虎钳钳口与铣床主轴平行或垂直。为使工件基准片与固定钳口贴合，活动钳口处应安置一根圆棒	
	采用角铁装夹工件，适于加工基准面比较宽大、加工面比较窄的工件。角铁应紧固在工作台上，角铁的垂直平面垂直于工作台面并与工作台纵向运动方向平行	
端面铣削平面	将工件装夹在工作台上，其加工面必须伸出工作台内侧面，使铣削力指向工作台台面，以保证加工面与底面垂直	

（续）

名　称	简图及说明
端面 铣削 平面	将定位块装夹在工作台中央的 T 形槽中，使工件基准面与定位块贴合。此法适用于加工面与基准面有平行度的要求 定位块
组合 铣削	采用两把三面刃铣刀可加工窄长工件的两个平行表面

（2）在立式升降台铣床上铣削平面实例　见表2-5-2。

表 2-5-2　　在立式升降台铣床上铣削平面

名　称	简图及说明
周边 铣削 平面	将定位键插在工作台中央的 T 形槽中，使工件贴紧定位键并用压板压紧。此法适用于加工基准面比较宽而加工面比较窄的工件 压板 定位键
端面 铣削 平面	采用机床用平口台虎钳夹紧工件。此法适于加工小件 　采用压板将工件直接装夹在工作台上，使基准面与工作台贴合，用面铣刀铣削上平面

（3）在卧式万能升降台铣床上铣削斜面实例 见表 2-5-3。

表 2-5-3 在卧式万能升降台铣床上铣削斜面

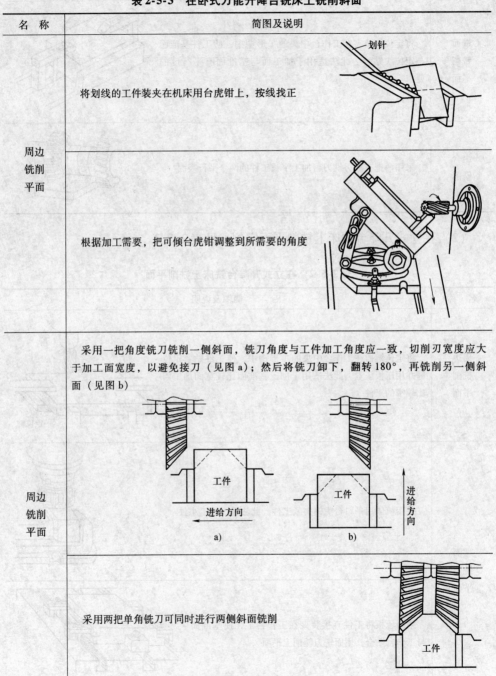

名　称	简图及说明
周边铣削平面	将划线的工件装夹在机床用台虎钳上，按线找正
	根据加工需要，把可倾台虎钳调整到所需要的角度
周边铣削平面	采用一把角度铣刀铣削一侧斜面，铣刀角度与工件加工角度应一致，切削刃宽度应大于加工面宽度，以避免接刀（见图 a）；然后将铣刀卸下，翻转 180°，再铣削另一侧斜面（见图 b）
	采用两把单角铣刀可同时进行两侧斜面铣削

（续）

名　称	简图及说明
周边铣削平面	采用专用夹具装夹工件铣削斜面，可保证质量，提高生产效率
端面切削斜面	采用机床用可倾台虎钳装夹工件，台虎钳应水平扳转一角度 θ，$\theta = 90° - \beta$。此法适用于加工小件

（4）在立式升降台铣床上铣削斜面实例　见表2-5-4。

表 2-5-4　在立式升降台铣床上铣削斜面

名　称	简图及说明
周边铣削斜面	采用机床用平口台虎钳装夹工件，采用立铣刀的圆柱面切削刃铣削，立铣刀应扳转一角度，横向进给
	采用回转工作台加工斜面，立铣头不扳转，回转工作台安装在机床工作台面上，机床纵向进给

（续）

名 称	简图及说明
端面 铣削 斜面	采用机床用平口台虎钳装夹工件，采用面铣刀铣削，立铣头应扳转一角度，横向进给
	采用分度头装夹轴类工件，分度头主轴应仰起与加工角度相同的 θ 角，采用端面铣削斜面
	采用专用夹具装夹工件铣削斜面，立铣头不扳转

（5）铣削斜面时立铣头扳转的角度 θ　见表 2-5-5。

表 2-5-5　铣削斜面时立铣头扳转的角度 θ

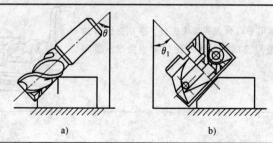

a)　　　　　　　　b)

工件角度标准形式	立铣头扳转的角度 θ	
	采用立铣刀周边铣削	采用立铣刀或面铣刀端面铣削
β	$\theta = 180° - \beta$	$\theta = \beta - 90°$

（续）

工件角度标准形式	立铣头扳转的角度 θ	
	采用立铣刀周边铣削	采用立铣刀或面铣刀端面铣削
	$\theta = \beta - 90°$	$\theta = 180° - \beta$
	$\theta = 90° - \beta$	$\theta = \beta$
	$\theta = \beta$	$\theta = 90° - \beta$

2. 平面铣削的质量分析

平面铣削的质量分析见表2-5-6。

表2-5-6　平面铣削的质量分析

质量分析	产生原因	防止措施
表面粗糙度值大	1. 给进量太大 2. 加工中振动大 3. 铣刀不锋利 4. 进给量不均匀 5. 铣刀摆差太大 6. 工件表面有"深啃"现象	1. 减少每齿进给量 2. 减少切削用量，调整镶条，使工作台移动平稳，正确选择铣刀直径，正确安装铣刀 3. 重新刃磨铣刀 4. 手摇进给时要均匀，或采用机动进给 5. 减少进给量，重磨、重新安装铣刀，校直刀杆或修整垫圈 6. 切削中途不能停止进给运动
尺寸与图样不符合	1. 加工中工件移动 2. 测量不准确 3. 刻度圈位置记错或没遵守控制间隙的方法	1. 应很好夹紧工件 2. 应正确地测量和认真查看测量读数 3. 对刀时应记好刻度圈位置，并注意控制好间隙
尺寸不垂直和不平行	1. 台虎钳钳口或夹具没校正 2. 台虎钳钳口与基准面之间有杂物 3. 加工中工件移动 4. 垫铁不平行 5. 工件上飞边未去净 6. 铣刀刃磨不准确	1. 正确校正机床用平口台虎钳及所用的夹具 2. 应仔细清除 3. 仔细夹紧工件 4. 将垫铁修磨平行 5. 加工前应仔细地将飞边去净 6. 把铣刀刃磨准确，使用前应测量铣刀角度

二、台阶、沟槽的铣削

1. 台阶、沟槽的铣削实例

（1）在 XA6132 型卧式万能升降台铣床上铣削台阶实例　见表 2-5-7。

表 2-5-7　在 XA6132 型卧式万能升降台铣床上铣削台阶

名　　称	简图及说明	
T 形键 工作图	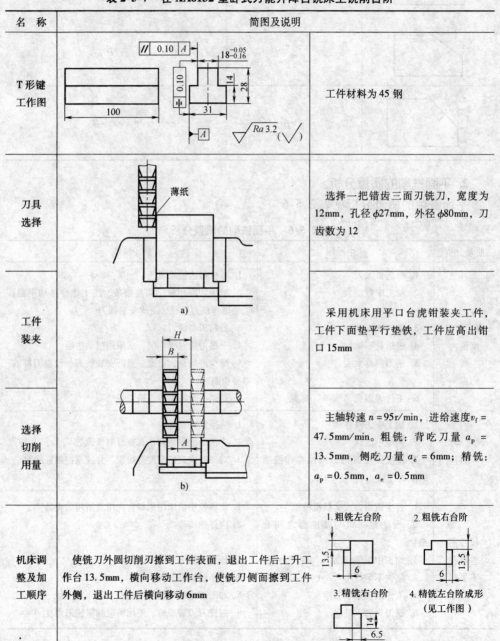	工件材料为 45 钢
刀具 选择		选择一把错齿三面刃铣刀，宽度为 12mm，孔径 $\phi27$mm，外径 $\phi80$mm，刀齿数为 12
工件 装夹		采用机床用平口台虎钳装夹工件，工件下面垫平行垫铁，工件应高出钳口 15mm
选择 切削 用量		主轴转速 $n=95$r/min，进给速度 $v_f=47.5$mm/min。粗铣：背吃刀量 $a_p=13.5$mm，侧吃刀量 $a_e=6$mm；精铣：$a_p=0.5$mm，$a_e=0.5$mm
机床调整及加工顺序	使铣刀外圆切削刃擦到工件表面，退出工件后上升工作台 13.5mm，横向移动工作台，使铣刀侧面擦到工件外侧，退出工件后横向移动 6mm	1.粗铣左台阶　2.粗铣右台阶 3.精铣右台阶　4.精铣左台阶成形（见工作图）

（2）采用组合铣刀铣削台阶实例 如图 2-5-1 所示，选择两把直径相同的三面刃铣刀，中间用刀杆垫圈隔开，用试切法确定垫圈的厚度。

（3）采用立铣刀铣削台阶实例 如图 2-5-2 所示，对于台阶较多的工件，可采用立铣刀进行铣削，每个台阶应分成两次或三次进给来铣削。

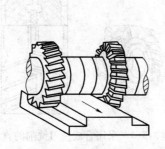

图 2-5-1 采用组合铣刀铣削台阶

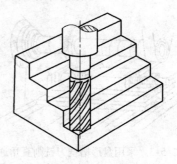

图 2-5-2 用立铣刀铣削台阶

（4）在 XA5032 型立式升降台铣床上采用立铣刀铣削直角沟槽实例 见表 2-5-8。

表 2-5-8 在 XA5032 型立式升降台铣床上铣削直角沟槽

名　称	简图及说明	
压板工作图		工件材料为 45 钢，铣槽前应先划线并钻 $\phi15mm$ 落刀孔
刀具选择		选择直径为 $\phi16mm$、齿数为 3 齿的立铣刀
工件装夹		采用机床用平口台虎钳装夹工件，工件下面垫两块较窄的平行垫铁，以便立铣刀穿通
选择切削用量		主轴转速 $n = 375r/min$，进给速度 $v_f = 30mm/min$ 或手动进给
机床调整及加工	移动工作台和主轴套筒使铣刀对准落刀孔，紧固主轴套筒和进行横向夹紧，上升工作台，使铣刀穿过刀孔，采用纵向进给铣削	

（5）铣削直角通槽实例　敞开式直角沟槽又称为直角通槽。当其尺寸较小时，通常都采用三面刃铣刀铣削；当成批生产时，采用盘形槽铣刀铣削（见图2-5-3）；当成批生产较宽的直角通槽时，则采用合成铣刀铣削（见图2-5-4）。

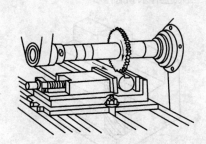 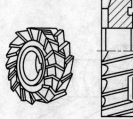 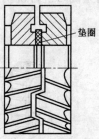

垫圈

图 2-5-3　采用盘形槽铣刀铣削直角通槽　　　图 2-5-4　采用合成铣刀铣削的直角通槽

2. 铣削台阶和直角通槽的质量分析

铣削台阶和直角通槽的质量分析见表2-5-9。

表 2-5-9　铣削台阶和直角通槽的质量分析

质量问题	产 生 原 因	防 止 措 施
宽度尺寸超差	1. 立铣刀直径或三面刃铣刀宽度不符合要求 2. 立铣刀直径太小，让刀严重，铣刀摆差大 3. 铣刀磨损 4. 将丝杠与螺母的间隙方向记错，使工作台移动不到位 5. 采用三面刃铣刀铣削时，万能铣床工作台零位未校正 6. 刻度盘格数搞错或测量不准确 7. 工件装夹不合理，工件变形，影响槽宽尺寸	1. 铣削前应检查铣刀直径或宽度 2. 尽可能使用直径较大的立铣刀或适当减少精铣余量，并检查铣刀的偏摆量误差 3. 调换铣刀 4. 记清间隙方向，使工作台移动到位 5. 校正铣床工作台零位 6. 看清刻度并认真仔细地测量 7. 选择合理的装夹方式，注意夹紧力在工件上的作用部位。精铣时，适当减少夹紧力
长度或深度尺寸超差	1. 纵向工作台移动距离不对 2. 对刀不准或看错了刻度，使深度不准 3. 工件倾斜，使底部有深浅 4. 直柄立铣刀被拉下	1. 自动纵向进给时，挡铁位置要调准。手动纵向进给时，注意按划线加工，采用立铣刀加工时，工作台移动的距离要比槽长小一个铣刀直径 2. 认真对刀并看清刻度 3. 仔细装夹，使工件基准面与工作台面平行 4. 尽量采用锥柄铣刀，或采用精度高的弹簧夹头夹持直柄立铣刀并适当减少进给量

（续）

质量问题	产 生 原 因	防 止 措 施
相对位置或对称度不符合要求	1. 基准面搞错 2. 测量不准确 3. 立铣刀加工时产生拉力，使工作台位移 4. 夹具支承面与进给方向不平行，使台阶或沟槽歪斜	1. 看清图样，认准基准面 2. 仔细测量 3. 紧固横向工作台 4. 校正夹具
表面粗糙度不符合要求	1. 铣刀磨钝 2. 铣削速度选择不合理 3. 进给量太大 4. 未冲注足够的切削液或使用了不合适的切削液 5. 工作台塞铁松动 6. 切削时振动太大	1. 调换铣刀 2. 合理选择铣削速度 3. 减小进给量 4. 加大切削液流量或调换合适的切削液 5. 重新调整塞铁 6. 调整机床间隙并增强夹具和刀具的刚性

三、特形槽的铣削

特形槽的铣削实例，见表2-5-10。

表2-5-10　特形槽的铣削

名　称	简图及说明
V形槽的铣削	1. 先铣削V形槽中间的窄槽，以窄槽为准调整铣刀位置 2. 图a所示为采用双角铣刀铣削V形槽；也可采用单角铣刀，先铣好V形槽的一侧，然后将工件转180°装夹，再铣削另一侧面 3. 图b所示为采用立铣刀在立式铣床上铣削V形槽，当槽的一侧铣好后，把工件转180°装夹，再铣另一侧直至相同的深度 4. 图c所示为采用三面刃铣刀在卧式铣床上铣削V形槽

（续）

名　称	简图及说明
T形槽的铣削	 1. 在卧式铣床上采用三面刃铣刀或在立式铣床上采用立铣刀，铣削直角槽（见图a） 2. 在立式铣床上采用T形槽铣刀铣削T形槽，可一次铣成或先铣上面后再铣底面，铣削用量要小些，且应加大切削液（见图b） 3. 采用倒角铣刀铣削倒角（见图c）
燕尾槽的铣削与测量	 先采用立铣刀或面铣刀铣削直槽，然后采用燕尾槽铣削燕尾槽 测量：图样要求的尺寸A间接得到 $$A = M + \left(1 + \cot\frac{\alpha}{2}\right)D - 2t\cot\alpha$$ 当 $\alpha = 60°$ 时 $$A = M + 2.732D - 1.155t$$ 当 $\alpha = 55°$ 时 $$A = M + 2.921D - 1.4t$$
燕尾块的铣削与测量	 先采用立铣刀或面铣刀铣削台阶，然后采用燕尾槽铣刀铣削燕尾面 测量：图样要求的尺寸A间接得到 $$A = M - \left(1 + \cot\frac{\alpha}{2}\right)d$$ 当 $\alpha = 60°$ 时 $$A = M - 2.732d$$ 当 $\alpha = 55°$ 时 $$A = M - 2.921d$$

（续）

名 称	简图及说明
圆弧形沟槽的铣削	采用特形铣刀铣削，因刀具制造困难，切削用量应较小，刀具不允许用得很钝时再刃磨。铣削步骤如右图所示 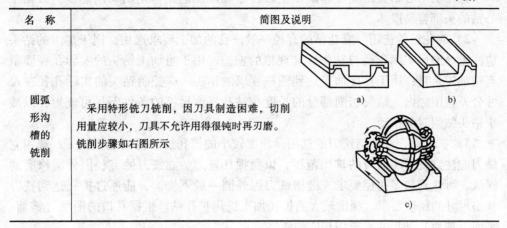

四、钻、铰、镗孔

1. 孔加工的刀具种类与选用

（1）孔加工刀具的种类　在铣床上加工孔常用的刀具有麻花钻、铣刀、镗刀和铰刀，使用时需根据孔径的尺寸大小与精度要求予以选用。

1）麻花钻及其他钻头。在铣床上钻孔通常用麻花钻加工。麻花钻有直柄和锥柄两种，直柄钻头的直径一般在 0.3 ~ 20mm 之间，锥柄钻头的柄部大多是莫氏锥度，莫氏锥柄的麻花钻头直径见表 2-5-11。此外，还有扩孔钻（直柄、锥柄和套式）、锪钻（直柄、锥柄）、中心钻与扁钻。

表 2-5-11　莫氏锥柄钻头的直径

莫氏锥柄号	1	2	3	4	5	6
钻头直径/mm	≥3 ~ 14	>14 ~ 23.02	>23.02 ~ 31.75	>31.75 ~ 50.08	>50.08 ~ 76.2	>76.2 ~ 80

2）铣刀。在铣床上扩孔通常使用铣刀。常用的扩孔铣刀有立铣刀和键槽铣刀。

3）镗刀。镗刀的种类比较多，按切削刃数量可分为单刃和双刃镗刀；按用途可分为内孔与端面镗刀；按镗刀的结构可分为整体式单切削刃镗刀、镗刀头、固定式镗刀块和浮动式镗刀块等。

4）铰刀。铰刀用于孔的精加工。铰刀按使用方式分为手用铰刀与机用铰刀；根据安装部分结构可分为直柄、锥柄与套式三种。

（2）孔加工刀具的选用

1）中心钻的选用。中心钻是孔加工的定位刀具，在铣床上加工孔通常也需要选用中心钻加工定位中心孔。

选用的中心钻直径应考虑铣床主轴转速能保证达到一定的切削速度，否则中心钻的头部容易损坏。

2）麻花钻的选用。麻花钻的直径一般按孔的加工要求选用，用于加工的钻头应注意修磨后实际孔径与钻头标准规格的偏差。用于粗加工钻头的实际孔径要留有精加工余量；用于直接加工达到图样要求的钻头，应控制钻头的实际孔径在尺寸公差范围之内。钻头切削部分的长度在钻孔深度足够的条件下尽可能短，以减少钻头钻削时的扭动。

3）扩孔钻、锪钻与铣刀的选用。深度较小的扩孔加工可以选用铣刀，选用立铣刀应注意铣刀端面刃的铣削范围，以免损坏铣刀。立铣刀的直径因外圆修磨的缘故，可达到较多孔径要求。键槽铣刀因外圆一般不修磨，能通过扩孔达到铣刀规格尺寸的精度要求。深度较大的扩孔加工选用扩孔钻。根据孔口的形状（锥面、平面、球面）和尺寸，选用相应的锪钻。

4）镗刀的选用。根据孔加工的要求，镗刀的选用一般与镗刀杆选用相结合。在铣床上镗孔，通常选用机械固定式镗刀，如图 2-5-5a、b、c 所示。精度较高的孔加工可选用浮动式镗刀，如图 2-5-5d 所示，也可选用镗刀杆与可调节镗头，如图 2-5-6 所示。镗刀的几何角度参数见表 2-5-12。

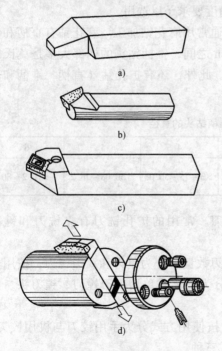

图 2-5-5　机械固定式镗刀与浮动式镗刀

a）高速钢镗刀　b）硬质合金焊接式镗刀扭动

c）可转位硬质合金镗刀　d）浮动式镗刀

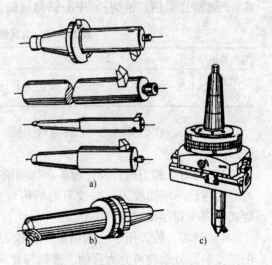

图 2-5-6　镗刀杆与微调镗头

a）简易镗刀杆　b）微调式镗刀杆

c）可调节镗头

表 2-5-12　镗刀几何参数选取参考数值

工件材料	前角	后角	刃倾角	主偏角	负偏角	刀尖圆弧半径
铸铁	5°~10°	6°~12°，粗镗和孔径大时取小值，粗镗和孔径小时取大值	一般情况下取0°~5°；通孔精镗时取5°~15°	镗通孔时取60°~70°；镗台阶孔时取5°~15°	一般取15°左右	粗镗孔时取0.5~1mm；精镗孔时取0.3mm左右
40Cr	10°					
45	10°~15°					
1Cr18Ni9Ti	15°~20°					
铝合金	25°~30°					

5）铰刀的选用。在铣床上铰孔选用机用铰刀。同时，在选用时需根据孔的加工公差等级选用 H7、H8 和 H9 级标准铰刀；必要时须对铰刀直径进行研磨，以达到铰孔精度要求。

2. 在铣床上钻、铰、镗、铣孔的加工方法

（1）钻孔

1）钻头安装。

① 直柄钻头与直柄立铣刀的规格对应和相近的可直接安装在铣夹头及弹性套内，与安装直柄立铣刀的方法相同。使用钻夹头安装直柄钻头，有利于钻、扩、铰孔的连续进行。

② 锥柄钻头可直接或用变径套连接安装在铣床专用的带有腰形槽锥孔的刀杆内。

2）钻头刃磨。钻头刃磨时只修磨两个后面，形成主切削刃，但同时要保证后角、两主偏角 $2\kappa_r$ 与横刃斜角。麻花钻的刃磨方法如图 2-5-7 所示。

刃磨后的麻花钻应达到如下要求：

① 后角符合不同材料的切削要求。

② 两主偏角 $2\kappa_r$ 为 118°（$\kappa_r = 59°$）。

③ 横刃斜角为 55°。

④ 主切削刃对称且长度一致。

3）钻孔方法。在铣床上钻孔一般是单件或小批量加工，钻削速度选择可参照键槽铣刀；一般采用手动进给，机动进给时进给量在 0.1~0.3mm/r 范围内选择。钻孔具体步骤如下：

① 按图样要求在工件表面划线，当孔分布在圆周上时，可利用分度头等进行划线。

② 在孔的中心钻一个较深的样冲眼。

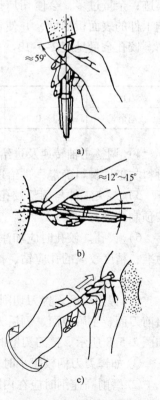

图 2-5-7　麻花钻的刃磨
a）偏角刃磨定位　b）后角刃磨定位
c）刃磨动作示意

③ 安装中心钻。

④ 把工件安装在工作台或回转台上，横向和纵向调整工作台位置，使铣床主轴中心与孔中心对准并锁紧工作台。

⑤ 用中心钻钻定位锥坑，主轴转速为 600～900r/min。

⑥ 用钻头钻孔。

（2）铰孔　铰孔是利用铰刀对已经粗加工的孔进行精加工，铰孔精度可达到 IT7～IT9，表面粗糙度 Ra 值可达 1.6～3.2μm。在铣床上铰孔方法如下：

1）选择铰刀。根据图样要求选择适合的机用铰刀，并用千分尺检测铰刀直径是否符合尺寸要求。

2）安装铰刀。直柄铰刀安装在钻夹头内；锥柄铰刀用变径套连接安装在主轴孔内，安装方法与锥柄钻头相同。采用固定连接的铰刀时，需防止铰刀的径向圆跳动，以免孔径超差。

3）确定铰孔余量。铰孔前一般经过钻孔，精度要求较高的孔还需要扩孔或镗孔。铰孔余量的多少直接影响铰孔质量，余量过少，铰孔后可能会残留粗加工的痕迹；余量过多，会使切屑挤塞在屑槽中，切削液不能进入切削区，从而严重影响工件的表面粗糙度，并使铰刀负荷过重而迅速磨损，甚至切削刃崩裂，造成废品。铰孔余量见表 2-5-13。

表 2-5-13　铰孔余量　　　　　　　（单位：mm）

铰刀直径	<5	5～20	20～32	32～50	50～70
铰削余量	0.1～0.2	0.2～0.3	0.3	0.5	0.8

4）调整主轴转速及进给量。铰孔的切削速度与进给量应根据铰刀切削部分的材料与工件材料确定，进给量的具体数值可参照表 2-5-14。

5）装夹工件与调整铰孔位置。工件装夹与钻孔时相同；调整铰孔位置通常应按预制孔进行调整。

6）铰孔。铰孔时应加注适用的切削液；铰孔深度以铰孔引导部分超过终止线为准；精度较高的孔应钻、扩、铰依次完成；加工完毕退刀时铰刀不能停转。

（3）镗孔

1）镗刀刃磨。镗刀切削部分的几何形状基本上与外圆车刀相似，刃磨时需磨出前刀面、主后刀面、副后刀面，其主要几何参数见表 2-5-12。刃磨镗刀的方法如图 2-5-8 所示。镗刀刃磨时应注意的事项如下：

① 如镗刀刀柄较短小时，可用接杆装夹后刃磨，刃磨时用力不能过猛。

② 磨削高速钢时应在白刚玉 WA（白色）砂轮上刃磨，并经常放入水中冷却，以防镗刀切削刃退火。

③ 磨削硬质合金时应在绿色碳化硅 GC（绿色）砂轮上刃磨，磨削时不可用水冷却，否则刀头会产生裂纹。

表 2-5-14　铰削进给量参考数值

（单位：mm/r）

铰刀直径 /mm	高速钢铰刀				硬质合金铰刀			
	钢		铸　铁		钢		铸　铁	
	抗拉强度=0.883GPa	抗拉强度>0.883GPa	硬度<170HBW 铸铁、铜及铝合金	硬度>170HBW	未淬火钢	淬火钢	硬度<170HBW	硬度>170HBW
<5	0.2~0.5	0.15~0.35	0.6~1.2	0.4~0.8	—	—	—	—
>5~10	0.4~0.9	0.35~0.7	1.0~2.0	0.65~1.3	0.35~0.5	0.25~0.35	0.9~1.4	0.7~1.1
>10~20	0.65~1.4	>10~20	1.5~3.0	1.0~2.0	0.4~0.6	0.3~0.4	1.0~1.5	0.8~1.2
>20~30	0.8~1.8	0.65~1.5	2.0~4.0	1.3~2.6	0.5~0.7	0.35~0.45	1.2~1.8	0.9~1.4
>30~40	0.95~2.1	0.8~1.8	2.5~5.0	1.6~3.2	0.6~0.8	0.4~0.5	1.3~2.0	1.0~1.5
>40~60	1.3~2.8	1.0~2.3	3.2~6.4	2.1~4.2	0.7~0.9	—	1.6~2.4	1.25~1.8
>60~80	1.5~3.2	1.2~2.6	3.75~7.5	2.6~5.0	0.9~1.2	—	2.0~3.0	1.5~2.2

注：1. 表内进给量用于加工通孔。加工不通孔时进给量应取为 0.2~0.5mm/r。

2. 大进给量用于在钻或扩孔之后，精铰孔之前的粗铰孔。

3. 中等进给量用于：粗铰之后精铰 H7 级精度（GB/T 1801—2009）的孔；精镗之后精铰 H7 级精度的孔；对硬质合金铰刀，用于精铰 H8~H9 级精度的孔。

4. 最小进给量用于：抛光或研磨之前的精铰孔；用一把铰刀铰 H8~H9 级精度的孔；对硬质合金铰刀，用于精铰 H7 级精度的孔。

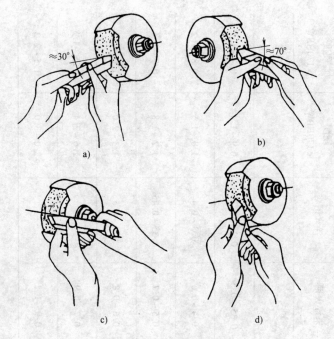

图 2-5-8　镗刀刃磨方法

④ 各刀面应刃磨准确、平直，不允许有崩刃、退火现象。

⑤ 镗削钢件时，应刃磨出断屑槽。

2）镗刀安装与调整。

① 镗刀安装在镗杆上的刀孔内，镗杆可直接用拉紧螺杆安装在铣床主轴上，或通过锥柄安装在预先固定在铣床主轴上的变径套内。

② 镗刀安装位置调整直接影响到镗孔的尺寸，一般用以下两种方法：

a. 测量法调整如图 2-5-9 所示。

先留有充分余量预镗一个孔，通过测量孔的直径和镗刀尖与刀杆外圆的尺寸，以此为依据，调整镗刀尖至刀杆外圆的尺寸，逐步达到孔径的图样要求。

b. 试镗法调整如图 2-5-10 所示。

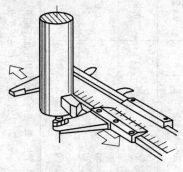

图 2-5-9　用测量法调整镗刀

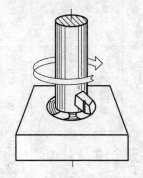

图 2-5-10　用试镗法调整镗刀

镗杆落入预钻孔中适当位置，调整镗刀使刀尖恰好擦到预钻孔壁，并以此为依据，通过指示表或上述方法，调整镗刀尖的位置，逐步达到孔径图样要求。

3）镗孔一般步骤。

① 校正铣床主轴轴线对工作台面的垂直度。

② 装夹工件，使基准面与工作台面或进给方向平行（垂直）。

③ 找正加工位置。按划线、预制孔或碰刀法对刀找正工件与镗杆的位置。

④ 粗镗孔。注意留有孔径精加工余量与孔距调整余量。

⑤ 退刀。操作时注意在主轴停转后使镗刀尖对准操作者。

⑥ 预检孔距与孔径，确定孔径、孔距调整的数值与孔距调整的方向。

⑦ 调整孔距。根据实际测量的尺寸与所要求尺寸的差值，横向、纵向调整工作台，试镗后再做检测，直至孔距达到图样要求。

⑧ 控制孔径尺寸。借助游标卡尺、百分表调整镗刀刀尖的伸出量，逐步达到图样所要求的孔径尺寸。

⑨ 精镗孔。注意同时控制孔的尺寸精度与形状精度。

（4）铣孔　用铣刀加工孔，通常应用于薄板零件、难加工部位（如单边孔距加工）等。铣孔的方法与钻孔方法基本相同，但应钻预制孔，以解决因铣刀端面刃靠近中心部位无法或难以切削的问题。

五、螺旋槽的铣削

1. 螺旋槽的铣削加工方法

在铣削加工中，会遇到有螺旋形沟槽（或面）的工件，如刀具螺旋齿槽、凸轮矩形螺旋槽（或面）、圆柱斜齿轮的螺旋齿槽等。

如图 2-5-11 所示，圆柱体上一点 A 在沿圆周作等速旋转运动的同时，又沿母线作等速直线运动，则 A 点在圆柱体表面所留下的运动轨迹称为圆柱螺旋线。若将绕圆柱体一周的螺旋线展开，可形成由螺旋线 AB、圆柱体周长 AC 和动点轴向移动距离 BC 组成的三角形。当螺旋线 AB 由左下方指向右上方时，称为右螺旋；当螺旋线 AB 由右下方指向左上方时，称为左螺旋。

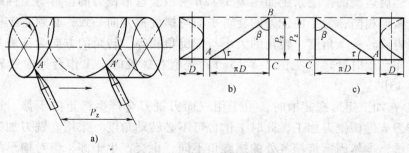

图 2-5-11　圆柱等速螺旋线

a）螺旋线的形成　b）右螺旋线　c）左螺旋线

2. 螺旋槽的要素

（1）直径 D　螺旋槽的直径可分为外径（槽口所在圆柱面直径）、底径（槽底所在圆柱面直径）和中径（槽中所在圆柱面直径，如斜齿圆柱齿轮的分度圆直径）。

（2）导程 P_z　动点沿螺旋线一周，在轴线方向移动的距离称为导程。在同一条螺旋槽上各处的导程都相等。

（3）螺旋角 β　螺旋线的切线与圆柱体轴线的夹角称为螺旋角。螺旋角与导程、圆柱体直径的关系为

$$\tan\beta = \frac{\pi D}{P_z}$$

$$P_z = \pi D \cot\beta$$

由上式可知，在同一螺旋槽上，自槽口到槽底因直径不同，导程相同而螺旋角却不相等。这是螺旋槽铣削时产生干涉的主要原因。螺旋槽螺旋角的标注应注意其所处的位置，如斜齿圆柱齿轮的螺旋角是指分度圆处的螺旋角。

（4）导程角 τ　螺旋线的切线与圆柱体端面的夹角称为导程角，又称螺纹升角，$\tau + \beta = 90°$。

（5）螺旋线的线数 z 与螺距 P　在圆柱体上有多条在圆周上等分的导程螺旋线称为多线螺旋线，斜齿圆柱齿轮就是多线螺旋线形成的，多线螺旋线的数目称为线数 z。相邻两螺旋线之间的轴向距离称为螺距 P。螺距、导程和线数之间的关系为

$$P_z = Pz$$

3. 螺旋槽的铣削方法要点

1）选择万能分度头装夹工件。在卧式万能铣床上用盘形铣刀铣削圆柱螺旋槽时，应在分度头与工作台纵向丝杠之间配置交换齿轮，以保证工件作等速旋转运动的同时作等速直线运动，其关系是工件匀速旋转一周的同时，工作台带动工件匀速直线移动一个导程。用盘形铣刀铣削螺旋槽的情况如图 2-5-12a 所示，螺旋运动的传动系统如图 2-5-12b 所示。盘形铣刀的齿形与工件螺旋槽的法向截形相同，为了使铣刀的旋转平面与螺旋槽方向一致，必须将工作台在水平面内旋转一个角度，转角的大小与螺旋角相等，转角的方向为铣削左螺旋时，工作台顺时针转（见图 2-5-13a）；铣削右螺旋时，工作台逆时针转（见图 2-5-13b）。

2）在加工矩形螺旋槽时，由于用三面刃铣刀会产生严重的干涉，通常采用立铣刀或键槽铣刀加工，此时工作台可不必转动角度。采用立铣刀加工圆柱面螺旋槽，虽然因螺旋槽各处的螺旋角不同，也会产生干涉，但对槽形的影响较小。

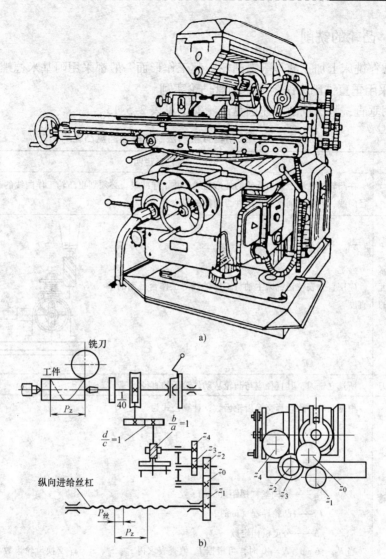

图 2-5-12 用盘形铣刀铣削螺旋槽

a）铣削情况 b）传动系统

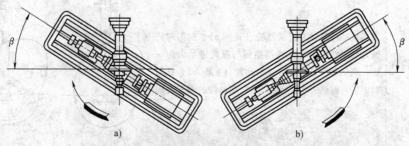

图 2-5-13 铣削螺旋槽时工作台转动方向

a）铣削左螺旋槽 b）铣削右螺旋槽

六、凸轮的铣削

通常在铣床上加工的是等速凸轮，其工作形面一般都采用阿基米德螺旋面。

1. 采用垂直铣削法铣削等速圆盘凸轮实例

采用垂直铣削法铣削等速圆盘凸轮实例见表 2-5-15。

表 2-5-15　采用垂直铣削法铣削等速圆盘凸轮

名　称	简图及说明
划线	在凸轮的毛坯上划出凸轮的外形曲线，并钻样冲眼。必须划出凸轮工作曲线的起点和终点径向线，以便铣削时找正工件，调整铣削位置
校正铣床主轴和分度头主轴的位置	应用百分表校正铣床主轴与工件轴线对工作台台面的垂直度
选择铣刀	所选立铣刀，其直径应与凸轮从动件滚子的直径相等
计算和配置交换齿轮	根据凸轮导程计算交换齿轮齿数，计算公式为 $$i = \frac{z_1 z_3}{z_2 z_4}$$ $$= \frac{N P_{\text{丝}}}{P_z}$$ 式中　$P_{\text{丝}}$——纵向丝杠螺距（mm）； 　　　P_z——凸轮导程（mm）； 　　　N——分度机构定数 当 $P_{\text{丝}} = 6\text{mm}$、$N = 40$ 时，可根据 P_z 值查表求得 z_1、z_2、z_3、z_4 交换齿轮齿数。安装交换齿轮时，必须根据凸轮螺旋线方向确定是否选用中间轮，以保证工作台向预定方向进给
调整铣削位置	当从动件是对心直动凸轮（见图 a），对刀时将铣刀和工件的中心连线调整到与纵向进给方向一致，当从动件是偏置直动的凸轮（见图 b），铣刀对中后再偏移一个距离 e，并与从动件的偏置方向一致 　　　　　a)　　　　　　　b)

（续）

名　称	简图及说明
进行铣削	先将分度头分度手柄插销拔出，转动分度手柄，使凸轮工作曲线起始径向线对准铣刀切削部位，然后纵向移动工作台使铣刀切入工件。当切入一定深度后，再将分度头手柄插销插入分度盘的孔中，摇动分度手柄，使凸轮一面转动，一面作纵向移动，以铣削出工作形面

2. 采用倾斜铣削法铣削等速圆盘凸轮实例

　　倾斜铣削法是分度头主轴轴线与水平方向成一定仰角后进行铣削的方法。倾斜铣削法的示意图及原理图如图 2-5-14 所示。

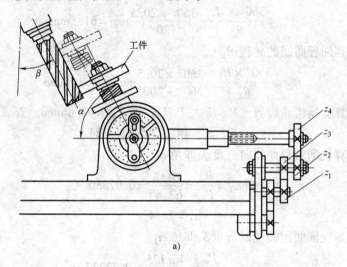

a)

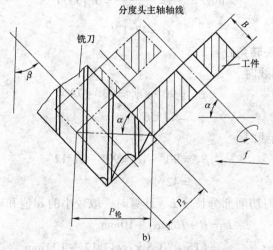

b)

图 2-5-14　倾斜铣削法

a）倾斜铣削法示意图　b）倾斜铣削法原理图

由图 2-5-14 可知，$P_z = P_轮 \sin\alpha$。假如凸轮上有几条不同导程（P_z）的曲线，只需选择一个适当的交换齿轮导程（$P_轮$），只要改变仰角 α 即可加工出不同的工件导程。

例如，采用倾斜法加工一厚度 $B = 15\text{mm}$ 的等速圆盘凸轮，该凸轮在 $0° \sim 120°$ 范围内是升程曲线，升高量 $H_1 = 20.5\text{mm}$；在 $120° \sim 200°$ 范围内是空程；在 $200° \sim 360°$ 范围内是回程曲线，升高量 $H_2 = 20.5\text{mm}$。从动件滚子直径为 20mm。试求凸轮铣削时的各项数据。

解：现选用 X5032 型立式升降台铣床采用倾斜法铣削。

（1）计算升程曲线的导程 P_{z1}

$$P_{z1} = \frac{360° \times H_1}{\theta_1} = \frac{360° \times 20.5}{120°}\text{mm} = 61.5\text{mm}$$

（2）计算回程曲线的导程 P_{z2}

$$P_{z2} = \frac{360° \times H_2}{\theta_2} = \frac{360° \times 20.5}{360° - 200°}\text{mm} = 46.125\text{mm}$$

（3）计算交换齿轮齿数 $P_轮$ 应大于 P_{z1}，取 $P_轮 = 62.86\text{mm}$。查表得

$$z_1 = 72 、z_2 = 44 、z_3 = 56 、z_4 = 24$$

（4）计算铣削升程曲线时分度头仰角 α_1

$$\sin\alpha_1 = \frac{P_{z1}}{P_轮} = \frac{61.5}{62.86} = 0.97836$$

$$\alpha_1 = 78°4'$$

（5）计算铣削回程曲线时分度头仰角 α_2

$$\sin\alpha_2 = \frac{P_{z2}}{P_轮} = \frac{46.125}{62.86} = 0.73377$$

$$\alpha_2 = 47°12'$$

（6）计算立铣头转角 β

1）铣削升程曲线时

$$\beta_1 = 90° - \alpha_1 = 90° - 78°4'$$

$$= 11°56'$$

2）铣削回程曲线时

$$\beta_2 = 90° - \alpha_2 = 90° - 47°12'$$

$$= 42°48'$$

（7）计算立铣刀切削部分长度 L 计算时，取较小的 α 值和较大的 H 值。

$$L = B + H\cot\alpha_2 + 10\text{mm}$$

$$= (15 + 20.5 \times \cot 47°12' + 10)\text{mm}$$

$$\approx 44\text{mm}$$

注意：当 $\beta > 45°$ 时，不能采用此方法。

七、齿轮和蜗轮的铣削

1. 标准直齿圆柱齿轮的铣削

9 级精度的齿轮可在铣床上采用成形法铣削。标准直齿圆柱齿轮的铣削实例见表 2-5-16。

表 2-5-16 标准直齿圆柱齿轮的铣削

名 称	简图及说明
标准直齿圆柱齿轮工作图	右图为标准直齿圆柱齿轮工作图。制齿前，齿坯已经车好，需要检查齿顶圆尺寸、孔径尺寸以及外圆径向圆跳动和端面圆跳动 模数 $m = 2.5$mm 齿数 $z = 42$ 压力角 $\alpha = 20°$ 公法线长度 $W_k =$ mm 跨越齿数 $k = 5$
工件的装夹	采用 XA6132 型万能升降台铣床铣削。将工件安装在心轴上，采用分度头和尾座装夹心轴
选刀与对刀	按相关表选择铣刀号数。本例选择 $m = 2.5$mm、$\alpha = 20°$ 的 6 号齿轮盘铣刀。采用切痕法或划线法对刀

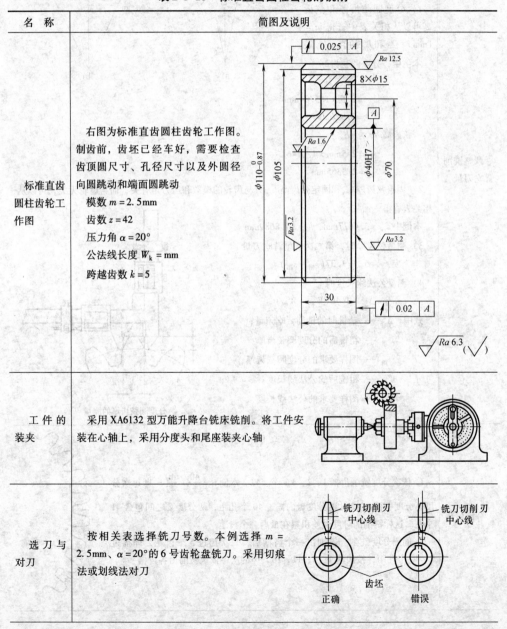

（续）

名　称	简图及说明

调整铣削背吃刀量

对齿面表面质量要求不高或模数较小的齿轮，可以一次铣削出全部齿深。一般情况下，应该分粗铣、精铣

1) 分度圆弦齿厚和弦齿高可以从相关表中查得 $m = 1\text{mm}$ 时，s 和 h_a 的值

本例中，分度圆弦齿厚

$$s = ms$$
$$= 2.5 \times 1.5704\text{mm}$$
$$= 3.926\text{mm}$$

弦齿高 $h_n = mh_a$
$$= 2.5\text{mm} \times 1.0146$$
$$= 2.5365\text{mm}$$

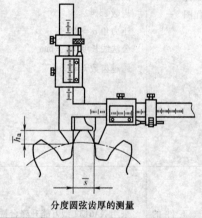

a) b)

2) 固定弦齿厚 s_{cn} 和固定弦齿高 h_{cn} 只与齿轮的模数和压力角有关，而与齿轮无关，可以从相关表查得

本例中 $s_{cn} = 3.4677\text{mm}$，$h_{cn} = 1.8689\text{mm}$

3) 测量弦齿厚时，第二次铣削背吃刀量
$$\Delta_{ap} = 1.37(s_{粗} - s_{图})$$

4) 测量公法线长度时
$$\Delta_{ap} = 1.46(W_{粗} - W_{图})$$

式中　Δ_{ap}——精铣时的铣削背吃刀量；

$s_{粗}$——粗铣后的分度圆弦齿厚；

$s_{图}$——图样要求的分度圆弦齿厚；

$W_{粗}$——粗铣后的公法线长度；

$W_{图}$——图样要求的公法线长度

分度圆弦齿厚的测量

分度铣削

1. 依次分度铣削齿槽 1、2、3、…、42。本例中 $n = \dfrac{40}{z} = \dfrac{40}{42}$。即每次分度，分度手柄在 42 孔的分度盘内摇过 40 个孔距，两分度叉之间包含 41 孔。这样铣削的分度误差积累在最后一个齿上

2. 间隔分度铣削。铣削出一个齿槽后，每次摇过 5 个齿距，即摇过 5×40 个孔距，按齿槽 1、6、11、16、…的次序依次铣削出各齿槽

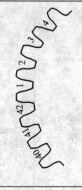

（续）

名　称	简图及说明
测量公法线长度	铣削直齿圆柱齿轮后，大都需要测量公法线长度，弦齿厚只在铣削过程中测量，以便调整铣削背吃刀量。可在相关表中查得跨越齿数 k 和公法线长度 W_k^*。本例中，$k=5$，$W_k^* = 13.8728$mm，则公法线长度 $$W_k = 2.5\text{mm} \times 13.8728$$ $$= 34.682\text{mm}$$ 计算 k 和 W_k 的公式如下 $$k = 0.111z + 0.5$$ $$W_k = m\left[2.9521(k-0.5) + 0.014z\right]$$ 式中　k——跨越齿数；　　　z——齿轮齿数；　　　W_k——齿轮公法线长度（mm）；　　　m——齿轮模数（mm）

2. 蜗轮的铣削

　　精度不高、螺旋角较小、数量又很少的蜗轮加工，可在配有铣头附件的卧式万能升降台铣床上进行。在卧式万能升降台铣床上用断续分齿飞刀展成法铣削蜗轮的实例见表 2-5-17。

表 2-5-17　断续分齿飞刀展成法铣削蜗轮

名　称	简图及说明
蜗轮工作图	模数 $m = 4$mm 蜗轮齿数 $z_2 = 40$ 蜗杆头数 $z_1 = 3$ 螺旋角 $\beta = 15°16'$ 螺旋方向右 压力角 $\alpha = 20°$ 公差等级 9f　GB/T 10089—1988 齿距偏差 $\Delta f_{pt} = \pm 0.04$ 径向圆跳动 $\Delta F_r = 0.09$

（续）

名　称	简图及说明
工件与刀杆的装夹	将分度头安装在工作台的适当位置，并将分度头主轴扳至垂直位置，然后装夹已车削好的齿坯，并校正其外圆与分度头主轴的同轴度，将飞刀刀杆安装在万能铣头上，将铣头逆时针扳转 $15°16'$，并使刀头处于齿坯的里侧，见表 2-5-20 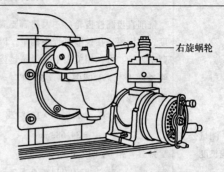——右旋蜗轮
飞刀尺寸的计算	根据表 2-5-18 计算飞刀各部分尺寸： 1. 飞刀计算直径 d_0' 因为 $\beta = 15°16'$，所以取 $a = 0.2$。根据蜗轮模数 $m = 4\text{mm}$，查表 2-5-21，得知蜗杆直径系数 $q = 10$，蜗杆分度圆直径为 $d_1 = qm = 4 \times 10\text{mm} = 40\text{mm}$。飞刀计算直径为 $$d_0' = \frac{d_1}{\cos\beta} + am = \left(\frac{40}{\cos15°16'} + 0.2 \times 4\right)\text{mm} = 42.26\text{mm}$$ 2. 齿顶高 h_{a0} $$h_{a0} = h_{a2} * m + cm + 0.1m$$ $$= (1 \times 4 + 0.2 \times 4 + 0.1 \times 4)\text{mm} = 5.2\text{mm}$$ 3. 齿根高 h_{f0} $$h_{f0} = h_{a2} * m + cm = (1 \times 4 + 0.2 \times 4)\text{mm} = 4.8\text{mm}$$ 4. 全齿高 h_0 $$h_0 = h_{a0} + h_{f0} = (5.2 + 4.8)\text{mm} = 10\text{mm}$$ 5. 铣刀中径齿厚 s_0' $$s_0' = \frac{\pi m}{2}\cos\beta = \frac{3.1416 \times 4}{2}\text{mm} \times \cos15°16' = 6.06\text{mm}$$ 6. 铣刀外径 d_{a0} $$d_{a0} = d_0' + 2h_{a0} = (42.26 + 2 \times 5.2)\text{mm} = 52.66\text{mm}$$ 7. 铣刀根径 d_{f0} $$d_{f0} = d_0' - 2h_{f0} = (42.26 - 2 \times 4.8)\text{mm} = 32.66\text{mm}$$ 8. 铣刀顶刃后角 α_{B0} 取 $\alpha_{B0} = 10°$。 9. 侧刃法向后角 α_{B10} 取 $\alpha_{B10} = 5°$。 10. 刀齿顶刃圆角半径 r $$r = 0.2m = 0.2 \times 4\text{mm} = 0.8\text{mm}$$ 11. 铣刀宽度 b $$b = s_0' + 2h_{f0}\tan\alpha_n + 2y$$

（续）

名　称	简图及说明
飞刀尺寸的计算	其中 $\tan\alpha_n = \tan\alpha\cos\beta = \tan20° \times \cos15°16' = 0.36397 \times 0.96471$ $\qquad = 0.35113$ 则 $\alpha_n = 19°22'$，取 $2y = 1mm$，得 $\qquad b = s'_0 + 2h_{f0}\tan\alpha_n + 2y = (6.06 + 2 \times 4.8 \times 0.35113 + 1)mm = 10.43mm$ 12. 刀齿深度 H $$H = \frac{d_{a0} - d_{f0}}{2} + N = \frac{d_{a0} - d_{f0}}{2} + \frac{\pi d_{a0}}{2}\tan\alpha_{B0}$$ $$= \frac{52.66 - 32.66}{2}mm + \frac{3.1416 \times 52.66}{40}mm \times \tan10°$$ $$= 10.73mm$$ 13. 齿形角 α_0 因为 $\beta = 15°16' < 20°$，所以取 $\alpha_0 = \alpha_n = 19°22'$
对刀	按上面的计算结果，磨好刀头并调整刀头在刀杆上的位置。将铣头逆时针扳转 $15°16'$ 后，按右图所示对刀：即用右手转动刀杆并调整工作台位置，当刀尖能均匀接触齿坯上 A、B 两点时即完成对刀
交换齿轮齿数的计算	$$\frac{z_1 z_3}{z_2 z_4} = \frac{40P_{丝}}{\pi m z_2} \approx \frac{40 \times 6}{\frac{22}{7} \times 4 \times 40} = \frac{30 \times 35}{40 \times 55}$$ 即交换齿轮齿数为 $z_1 = 30, z_2 = 40, z_3 = 35, z_4 = 55$ 查表 2-5-19 得知，必须加中间轮 z_1 与 z_3 是主动轮，z_2 和 z_4 是从动轮；主动轮安装在机床纵向丝杠上，从动轮安装在分度头侧轴上
分齿计算	$$n = \frac{40}{z} = \frac{40}{40} = 1$$ 即每铣削完一齿后，分度手柄摇一转再铣削第二齿
铣齿	将交换齿轮 z_1、z_2、z_3、z_4 及中间轮安装好并完成对刀后，摇动分度头手柄进行铣削，在纵向工作台进给的同时，使齿坯完成相对的转动。切出一个齿后，将刀头转向上方，工作台退回原位，将分度手柄插销拔出，分过一个齿后，将插销插入，再铣削下一个齿。背吃刀量由工作台横向进给完成，通常分粗铣、精铣两次铣出
测量蜗轮分度圆法向弦齿厚 $\bar{s}_{n2}$	测量时将齿厚游标卡尺放在法向位置 $$\bar{s}_{n2} = s_2\left(1 - \frac{s_2^2}{6d_2^2}\right)\cos\beta$$ 式中　s_2——等于 $\frac{\pi m}{2}$，为蜗轮分度圆弧齿厚（mm）； $\qquad d_2$——等于 $m z_2$，为蜗轮分度圆直径（mm）； $\qquad \beta$——螺旋角（°）

161

（续）

名　称	简图及说明
测量蜗轮分度圆法向弦齿厚 $\bar{s}_{n2}$	将已知数据代入公式计算，得 $$\bar{s}_{n2} = s_2\left(1 - \frac{s_2^2}{6d_2^2}\right)\cos\beta = \frac{3.1416 \times 4}{2}\left(1 - \frac{3.1416^2 \times 2^2}{6 \times 160^2}\right)\cos15°16'\,\text{mm} = 6\,\text{mm}$$ 分度圆法向弦齿高 $\bar{h}_{n2}$ 的计算 $$\bar{h}_{n2} = m + \frac{s_2^2\cos\beta}{4d_2} = 4\,\text{mm} + \frac{6.2832^2 \times \cos15°16'}{4 \times 160}\,\text{mm} = 4.053\,\text{mm}$$ 测量图示见表 2-5-16 所示分度圆弦齿厚的测量附图

表 2-5-18　飞刀各部分尺寸计算公式

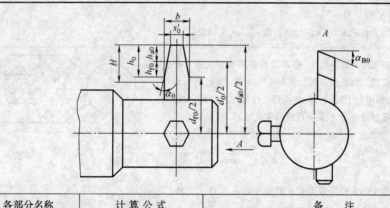

各部分名称	计 算 公 式	备　注
飞刀计算直径	$d'_0 = \dfrac{d_1}{\cos\beta} + am$	d_1——蜗杆分度圆直径 β——螺旋角，当 $\beta = 3° \sim 20°$ 时，取 $a = 0.1 \sim 0.3$
齿顶高	$h_{a0} = h_{a2}* m + cm + 0.1m$	$h_{a2}*$——蜗轮齿顶高系数 cm——标准顶隙（$0.2m$） $0.1m$——刃磨量
齿根高	$h_{f0} = h_{a2}* m + cm$	
全齿高	$h_0 = h_{a0} + h_{f0}$	
铣刀中径齿厚	$s'_0 = \dfrac{\pi m}{2}\cos\beta$	
铣刀外径	$d_{a0} = d'_0 + 2h_{a0}$	
铣刀顶刃后角	$\alpha_{B0} = 10° \sim 12°$	
侧刃法向后角	$\alpha_{B10} = 3° \sim 5°$	
刀齿顶刃圆角半径	$r = 0.2m$	
铣刀宽度	$b = s'_0 + 2h_{f0}\tan\alpha_n + 2y$	$2y = 0.5 \sim 2\text{mm}$ （此值是加宽量）

（续）

各部分名称	计 算 公 式	备 注
刀齿深度	刀齿深度 $H = \dfrac{d_{a0} - d_{f0}}{2} + N$	$N = \dfrac{\pi d_{a0}}{2}\tan\alpha_{B0}$
齿形角	$\alpha_0 = \alpha_n - \dfrac{\sin^3\beta \times 90°}{z_1}$	z_1——蜗杆头数 当 $\beta \leqslant 20°$ 时，取 $\alpha_0 = \alpha_n$

表 2-5-19 齿坯旋转方向及中间轮位置（分度头中心高 125mm、135mm）

工件位置	工作台运动方向	工件旋转方向	交换齿轮对数	
			两对	三对
	右旋蜗轮和左旋蜗轮一致			
在刀具里面	←	逆时针	不加中间轮	加一个中间轮
在刀具外面	←	顺时针	加一个中间轮	不加中间轮

表 2-5-20 铣头扳转方向

工件位置	铣头扳转方向	
	右旋蜗轮	左旋蜗轮
在刀具里面	顺时针	逆时针
在刀具外面	逆时针	顺时针

表 2-5-21 蜗杆的公称尺寸和参数（摘自 GB/T 10085—1988）

模数 m/mm	轴向齿距 P_x/mm	分度圆直径 d_1/mm	头数 z_1	直径系数 q	齿顶圆直径 d_{a1}/mm	齿根圆直径 d_{f1}/mm	分度圆柱导程角 γ	说明
1	3.141	18	1	18.000	20	15.6	3°10′47″	自锁
1.25	3.927	20	1	16.000	22.5	17	3°34′35″	
		22.4	1	17.920	24.9	19.4	3°11′38″	自锁
1.6	5.027	20	1	12.500	23.2	16.16	4°34′26″	
			2				9°05′25″	
			4				17°44′41″	
		28	1	17.500	31.2	24.16	3°16′14″	自锁
2	6.283	(18)	1	9.000	22	13.2	6°20′25″	
			2				12°31′44″	
			4				23°57′45″	

（续）

模数 m/mm	轴向齿距 P_x/mm	分度圆直径 d_1/mm	头数 z_1	直径系数 q	齿顶圆直径 d_{a1}/mm	齿根圆直径 d_{f1}/mm	分度圆柱导程角 γ	说明
2	6.283	22.4	1	11.200	26.4	17.6	5°06′08″	
			2				10°07′29″	
			4				19°39′14″	
			6				28°10′43″	
		(28)	1	14.000	32	23.2	4°05′08″	
			2				8°07′48″	
			4				15°56′43″	
		35.5	1	17.750	39.5	30.7	3°13′28″	自锁
2.5	7.854	(22.4)	1	8.960	27.4	16.4	6°22′06″	
			2				12°34′59″	
			4				24°03′26″	
		28	1	11.200	33	22	5°06′08″	
			2				10°07′29″	
			4				19°39′14″	
			6				28°10′43″	
		(35.5)	1	14.200	40.5	29.5	4°01′42″	
			2				8°01′02″	
			4				15°43′55″	
		45	1	18.000	50	39	3°10′47″	自锁
3.15	9.896	(28)	1	8.889	34.3	20.4	6°25′08″	
			2				12°40′49″	
			4				24°13′40″	
		35.5	1	11.270	41.8	27.9	5°04′15″	
			2				10°03′48″	
			4				19°32′29″	
			6				28°01′50″	
		(45)	1	14.286	51.3	37.4	4°00′15″	
			2				7°58′11″	
			4				15°38′32″	
		56	1	17.778	62.3	48.4	3°13′10″	

（续）

模数 m/mm	轴向齿距 P_x/mm	分度圆直径 d_1 /mm	头数 z_1	直径系数 q	齿顶圆直径 d_{a1} /mm	齿根圆直径 d_{f1} /mm	分度圆柱导程角 γ	说明
4	12.566	(31.5)	1	7.875	39.5	21.9	7°14′13″	
			2				14°15′00″	
			4				26°55′40″	
		40	1	10.000	48	30.4	5°42′38″	
			2				11°18′36″	
			4				21°48′05″	
			6				30°57′50″	
		(50)	1	12.500	58	40.4	4°34′26″	
			2				9°05′25″	
			4				17°44′41″	
		71	1	17.750	79	61.4	3°13′28″	自锁
5	15.708	(40)	1	8.000	50	28	7°07′30″	
			2				14°02′10″	
			4				26°33′54″	
		50	1	10.000	60	38	5°42′38″	
			2				11°18′36″	
			4				21°48′05″	
			6				30°57′50″	
		(63)	1	12.600	73	51	4°32′16″	

第三篇 铣削加工工艺规程的制定及案例

| 第一章 |

铣削加工工艺规程的制定

机械加工工艺过程是指用机械加工的方法，直接改变零件（毛坯）的形状、尺寸和材料的性能，使之成为所需要合格产品的过程。由于零件的生产类型、形状、尺寸和技术要求等条件不同，针对某一零件，往往不能在单独的一种机床上，用某一种加工方法完成；而是根据零件的具体要求，选择合适的加工方法，合理地安排加工顺序，一步一步地把零件加工出来，然后按照一定的格式，用表格和文件的形式表示出来，作为组织生产、指导生产、编制生产计划的依据，这一工艺文件就是该零件的机械加工工艺规程。

一、加工工艺过程的基本概念

1. 生产过程与工艺过程

（1）生产过程　生产过程是指从材料到成品的全部劳动过程。它包括材料运输、保管、生产准备工作、毛坯的加工、零件的机械加工、热处理工艺、装配、检验、调试、涂装和包装等。

（2）工艺过程　在产品的生产过程中，与原材料变为成品有直接关系的过程称为工艺过程。例如，铸造、锻造、焊接和零件的机械加工等。在工艺过程中，采用机械加工的方法，直接改变毛坯的形状、尺寸和性能，使之变为成品的工艺过程，称为机械加工工艺过程。

2. 机械加工工艺过程的组成

机械加工工艺过程是由若干个工序组成的，通过这些不同的工序把毛坯加工成合格的零件。

（1）工序　一个（或一组）工人，在一个工作地点，对一个（或同时几个）零件加工，所连续完成机械加工工艺过程中的一部分工作称为工序。一个零件往往是经过若干道工序加工而成的。现以图 3-1-1 所示的零件来说明。由图可知，加

166

工这个零件的机械加工工艺过程包括下列加工内容：车端面 B、车外圆 $\phi28mm$、车外圆 $\phi14mm$、$\phi14mm$ 外圆倒角、切槽、车端面 C、切断、调头车另一端面 D、铣削平面 E、铣削平面 F、钻孔 $\phi13mm$ 及表面发蓝。

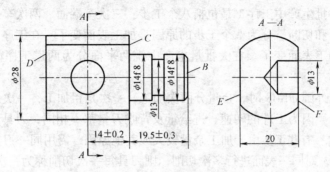

图 3-1-1　零件

随着车间条件和生产规模的不同，可以采用不同的方案来完成工件的加工。表 3-1-1 及表 3-1-2 分别表示在单件小批量生产及大批量生产中工序的划分和所用的机床（加工这个零件的方案还有很多，此处只是为说明问题，举两个例子）。这里必须注意，构成一个工序的主要特点是不改变加工对象、设备和操作者，而且工序内的工作是连续完成的。如表 3-1-2 中的工序 1 和工序 2。在表 3-1-1 的工序 1 中，若一批零件在完成切断工作后，统一调头车另一端面，这时也应算两道工序，因为加工不连续。

表 3-1-1　单件小批生产的工艺过程

工序号	工序内容	工作地点
1	车端面 B；车外圆 $\phi28mm$，车外圆 $\phi14mm$，车端面；切槽；切断；倒角；调头车另一端面 D	车床
2	铣削平面 E、F	铣床
3	钻孔 $\phi13mm$，去飞边	钻床
4	发蓝	

表 3-1-2　大批大量生产的工艺过程

工序号	工序内容	工作地点
1	车端面 B；车外圆 $\phi28mm$，车外圆 $\phi14mm$；车端面 C；切槽；倒角	车床 1
2	车端面 D	车床 2
3	铣削平面 E	铣床 1
4	铣削平面 F	铣床 2
5	钻孔 $\phi13mm$	钻床
6	去飞边	钳工台
7	发蓝	

（2）工步　它是工序的组成部分，指加工表面、切削工具和切用用量（切削速度、进给量和背吃刀量）均保持不变的情况下，所完成的那部分工艺过程。若其中有任何变化，即为另一个工步。

在单件小批生产中工序1是包括八个工步：三次车端面、两次车外圆、一次切槽、一次倒角和切断。分为八个工步的原因是加工表面变了。在工序2中包括两个工步，因为加工表面变了。在大批量生产中铣两平面分为两道工序，每道工序包括一个工步。

若在加工外圆 ϕ14f8 时，余量分两次加工，一次是粗加工，一次是精加工，它们是两个工步，因为工件的转速、进给量及背吃刀量都不相同，刀具也不同。

（3）进给　有些工步由于加工余量较大或其他原因，需用同一刀具在切削用量不变的条件下，对同一表面进行多次切削，则刀具每一次切削称为一次进给。例如，在车小外圆时，由于毛坯余量过大，必须分几次切削，每次切削的工件转速、进给量及背吃刀量都相同（或背吃刀量大致相同），则切削一次就是一次进给。

（4）安装　工件在加工之前，使其在机床上或夹具中占据一正确的位置并夹紧的过程称为安装。在单件小批生产中，工序1中有两次安装，工序2中有两次安装。在大批量生产中，工序1有一次安装。

由以上可以看出，当生产的批量不一样时，安排的工艺过程方案也不相同，即工序的划分和所用的刀具、机床等不同。那么，什么是生产类型？它对制定工艺规程有什么影响呢？

3. 生产纲领和生产类型

（1）生产纲领　根据国家计划（或市场需要）和本企业生产能力确定产品的年产量称为生产纲领。产品中某零件的生产纲领除规定的数量外，还包括一定的备品和平均废品率。零件的生产纲领按下列公式计算

$$N = Qn(1 + \alpha\%)(1 + \beta\%)$$

式中　N——零件的生产纲领（件/年）；

　　　Q——机器产品的年产量（台/年）；

　　　n——每台机器产品中包含该零件的数量（件/台）；

　　　α——该零件的备品百分率（%）；

　　　β——该零件的废品百分率（%）。

（2）生产类型　在制定机械加工工艺规程时，一般按照零件的生产纲领，把零件划分为三种生产类型。

1）单件生产。单个地生产某一零件，很少重复甚至完全不重复的生产。如新产品的试制或机修配件均属单件生产。

2）成批生产。成批地制造相同的零件，每相隔一段时间又重复生产，每批所制造的相同零件的数量称为批量。根据批量的多少又可分为小批生产、中批生产、大批生产。如机床制造就是这种生产类型。

3）大量生产。当同一产品的制造数量很多，在大多数工作地点，经常重复进行一种零件某一工序的生产，为大量生产。如汽车、拖拉机、轴承均属这种生产类型。

由于小批生产与单件生产的工艺特点十分接近，大批生产与大量生产的工艺特点比较接近，因此实际生产中将它们相提并论，即单件小批生产和大批大量生产，而成批生产往往是指中批生产。生产类型和生产纲领的关系见表3-1-3。

表3-1-3　生产类型和生产纲领的关系

生产类型		同种零件生产纲领/(件/年)		
		轻型零件质量 ≤100kg	中型零件质量 100~200kg	重型零件质量 >200kg
单件生产		100 以下	20 以下	5 以下
成批生产	小批生产	100~500	20~200	5~100
	中批生产	500~5000	200~500	100~300
	大批生产	5000~50000	500~5000	300~1000
大量生产		50000 以上	5000 以上	1000 以上

生产类型不同时，生产的组织、生产管理、车间布置、毛坯选择、设备选择、工装夹具的选择以及加工方法和对工人技术水平的要求均有所不同，所以设计工艺规程时，必须与生产类型相适应，以取得最大的经济效果。各种生产类型的特征见表3-1-4。

表3-1-4　各种生产类型的特征

项　目	单件小批生产	成批生产	大批大量生产
产品数量	少	中型	大量
加工零件	经常变换	周期性变换	固定不变
毛坯制造	采用木模造型和自由锻	采用金属型造型和模锻	采用金属型造型和高效模锻
机床	万能机床	万能机床和部分专用机床	广泛采用专用机床和组合机床
机床布置	按型号群式布置	按运输路线方向布置	按工艺的进程布置
刀具和量具	一般刀具和通用量具	专用刀具和量具	高效专用夹具和专用量具
夹具和辅助工具	通用夹具	专用夹具和特殊工具	高效专用夹具和特殊工具
零件加工方法	试切法加工	调整法加工	调整法加工和高效自动化加工
工人技术等级	高	中	一般
生产效率	低	中	高
工艺文件	编写简单工艺过程卡	详细编写工艺卡	详细编写工艺卡和工序卡

4. 制定工艺规程的基本原则

在生产中，根据生产条件把最合适的工艺过程按一定的格式，用文件的形式固定下来，作为生产的依据，称为工艺规程（或工艺卡）。

工艺规程一般包括以下内容：加工工件的路线和所经过的车间及工段；各工序的内容及采用的机床、刀具和工艺装备；工件的检验项目和方法；切削用量；工时定额及工人的技术等级等。当零件的合理工艺规程制定出来后，工厂和车间的每个干部、工程技术人员和工人都必须遵守这个工艺规程进行生产。只有这样才能优质、高产和低能耗地生产出产品。具体地说，工艺规程有下面几方面的作用。

（1）工艺规程是指导生产的主要技术文件　因为工艺规程是在实践的基础上依照科学的理论制定出来的，只有根据工艺规程进行生产，才能做到各工序紧密配合、严格检查，从而保证产品质量。

（2）工艺规程是生产管理和组织的工作依据　有了工艺规程，在产品投入生产之前，就可以根据它进行一系列准备工作。如原材料和毛坯的供应；机床准备和调查；工艺装备的设计和制造；作业计划的编排；劳动力的组织；生产技术力量的配备和成本核算等，使生产均衡而顺利进行。

（3）工艺规程是新建和扩建厂或车间的基本技术文件　在设计新的（车间）或扩建厂时，更需要有产品的全套工艺规程作为决定设备、人员、车间面积及投资额等的原始材料。

① 保证产品质量。在设计产品时，应根据产品的使用要求，提出主要性能要求，这些要求是通过零件的结构和精度实现的。因此，制定零件的工艺规程，应首先着眼于保证精度和表面粗糙度等，以保证质量。

② 提高劳动生产率和降低生产成本。在保证零件加工质量的前提下，应力求提高生产率。同时努力降低成本，提高经济效益。

③ 改善劳动条件。在允许的条件下，尽可能地采用先进的机械化和自动化技术来减轻强度，改善工人的劳动条件。

5. 工艺规程的原始材料

1）产品的整套装配图和零件图。

2）产品验收的质量标准。

3）产品的年生产纲领和生产类型。

4）毛坯情况。工艺人员应熟悉毛坯车间（或工厂）的生产能力和技术水平；熟悉各种常用材料的品种规格，并根据产品图样审查毛坯材料选择得是否合理，从工艺的角度（如定位夹紧、加工余量及结构工艺性等）对毛坯制造提出要求。

5）工厂企业的设备、资金、生产人员技术素质及原材料来源等情况，以及国内外生产技术的新动向、产品销路和同类产品的供销情况等。

6. 制定工艺规程的步骤

工艺规程是组织生产的主要依据，是工厂的纲领性文件。因此，制定工艺规程时要使之切实可行，步骤如下：

1）对零件图进行工艺分析。

2）确定毛坯的种类和制造方法。

3）选择定位基准和拟定零件加工工艺路线。

4）确定加工余量、切削用量，计算工艺尺寸、公差及工时定额。

5）选择机床、工艺装备。

6）填写工艺文件。

二、零件的工艺分析

制定工艺规程时，要了解零件的性能、用途和工作条件，并对零件进行工艺分析。也就是从工艺的角度来分析研究零件的生产方法、加工难易程度、工厂的生产条件等。零件的工艺分析具体内容包括以下几个方面：

1. 审查零件图样的完整性和正确性

检查零件图的视图、尺寸、公差、表面粗糙度和技术条件等是否完整和合理。如果发现问题应加以修改。

2. 审查零件的材料及热处理方案选择是否合理

检查零件的材料能否满足使用要求，热处理方案是否合理，材料的可加工性是否良好。如果发现问题应该考虑换材料或找出解决方法。

3. 分析零件的技术要求

过高的精度、表面质量和其他技术要求会使工艺过程复杂，加工困难，应尽可能在满足使用要求的前提下，减少加工量，简化工艺装备，缩短生产周期，以降低生产成本。同时要审查零件的结构性是否良好，是否会给加工带来困难，尽可能做到在满足使用要求的前提下，简化结构，保证零件得到良好的结构工艺性。

总之分析零件的技术要求是否合理，应从零件在机器中的功用、技术要求和结构等方面出发，分清零件的主要表面和次要表面，以及它们之间的相互关系，制定出关键工序来保证主要表面的质量。

三、毛坯的确定

毛坯的种类和质量对机械加工的质量、材料的节约、生产率的提高和成本的降低有着重要影响。在选择毛坯时，总希望提高毛坯的质量，减少机械加工的余量，提高材料的利用率，降低成本。但这样就使毛坯的制造成本提高。因此，毛坯的种类和制造方法与机械加工之间是互相影响的，所以应合理地选用毛坯的种类和质量。

1. 毛坯的种类

（1）铸件　铸件的特点是形状复杂、适应能力强、力学性能较差、成本较低。所以可作为形状复杂、力学性能要求不高、质量要求不高的零件毛坯，如箱件、支座等。

（2）锻件　锻件主要分自由锻件和模锻件。自由锻件成本低、力学性能好，但形状简单、质量不高、加工余量较大，主要用在要求力学性能好的单件生产零件的毛坯。模锻件力学性能好、质量较高、形状较复杂，但模锻所用的模具成本较高，所以它适用于要求力学性能较高、大批大量生产零件的毛坯。

（3）冲压件　在交通运输设备和农业机械设备应用较多，很多是薄板冲压成形，如汽车罩壳、储油箱、机床防护罩等。冲压成形件一般不需切削加工，因此冲压要用模具，且用在大批量生产中。

（4）型材　机械零件中采用型材的比例较大。通常用的型材有圆钢、方钢、六角钢、角钢和槽钢等，例如轴类零件经常采用圆钢来机械加工。

2. 毛坯的选择

（1）根据生产纲领来选择毛坯　大批大量生产适用于选用高生产率和高精度的毛坯制造方法，这样可减少机械加工的时间，从而提高生产效率，如金属型铸造件、模锻件和冷轧与冷拉等型材；单件小批生产宜采用生产费用少的毛坯制造方法，如砂型铸造出的铸件、自由锻件和热轧型材等。

（2）根据零件的结构和外形来选择毛坯　形状复杂的毛坯常采用铸造方法制造。

（3）根据零件的尺寸大小选择毛坯　对于尺寸很大的毛坯采用铸造方法和自由锻或焊接方法来制造；对于尺寸很小的零件采用模锻和型材作毛坯。

（4）根据零件的力学性能选择毛坯　当力学性能要求高时，采用锻件毛坯，否则，采用铸钢或型材作毛坯。对于复杂的箱体、床身等零件则采用铸造毛坯。

（5）根据本厂设备与技术条件选择毛坯　充分利用新工艺、新技术、新材料，从而提高毛坯质量。例如精密铸造、精密锻造、粉末冶金和工程塑料都在迅速发展，应予以重视。

四、基准的选择

机械零件是若干个表面组成的。这些表面之间的相对位置包括两方面的要求：一方面是表面间的位置尺寸精度；另一方面是相对位置的精度。而表面间的尺寸精度和位置精度要求是离不开参考依据的。如图 3-1-2a 所示，轴套的端面 A 与端面 B 之间、端面 A 与端面 C 之间的尺寸精度的要求，是以端面 A 为参考依据的；轴套的小外圆以轴心线为参考依据，有径向圆跳动的要求。又如图 3-1-2b 中表面

B 与表面 A 之间有平行度的要求，是以表面 A 为参考依据的；表面 C 与表面 D 之间有平行度的要求，是以表面 D 为参考依据的；孔的轴心线与表面 D 之间有垂直度的要求，是以表面 D 为参考依据的等。在研究零件表面的相对位置关系时，是离不开基准的，不确定基准就无法确定表面的位置。

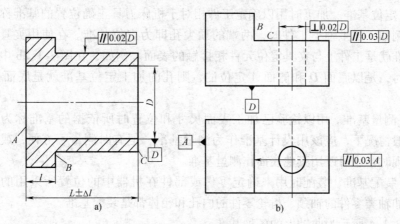

图 3-1-2　轴套与机体

a）轴套　b）机体

1. 基准的分类

零件上用来确定其他点、线、面的位置所依据的点、线、面，称为基准。基准是测量和计算的起点和依据，因此，基准是研究机械制造精度的一个极其重要的问题。

根据作用和应用场合，基准一般分为设计基准和工艺基准两大类。基准的分类如图 3-1-3 所示。

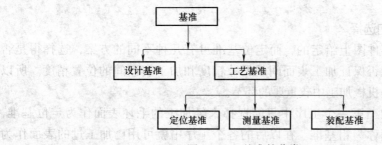

图 3-1-3　基准的分类

（1）设计基准　在零件图上用以确定其他点、线、面位置的基准，称为设计基准。设计人员根据设计基准来标定或计算其他点、线、面的尺寸或位置关系，如平行度、垂直度和同轴度等。

在图 3-1-2a 中，孔的轴线是小外圆的设计基准，即小外圆相对于孔的轴心线的径向圆跳动公差不能超过 0.02mm；端面 A 是端面 B 的设计基准，端面 A 也是端

面 C 的设计基准，端面 C 也是端面 A 的设计基准，它们互为设计基准。在图 3-1-2b 中，表面 A 是表面 B 的设计基准；表面 D 是表面 C 的设计基准。

（2）工艺基准　零件在加工、检验和装配过程中所使用的基准称为工艺基准。工艺基准按用途又分为定位基准、测量基准和装配基准。

1）定位基准。加工时用以确定工件相对于机床刀具正确位置的基准称为定位基准。例如，加工轴类工件时，两端的顶尖孔即为定位基准。在使用夹具时，其定位基准就是工件上与夹具定位元件相接触的表面。例如，在图 3-1-2b 中，加工机体孔时，是以底面 D 和侧面 A 定位的，则孔的加工定位基准就是底面 D 和侧面 A。

2）测量基准。用以检验已加工表面尺寸和位置时所依据的基准称为测量基准。一般情况下，应该用设计基准作为测量基准，但有时测量不方便，或甚至不可能实现时，也可改用其他表面作测量基准。

3）装配基准。装配时用来确定零件或部件在机器中的位置所采用的各种基准。例如轴类零件的轴颈、齿轮零件的内孔和箱体都是装配基准。

图 3-1-4 所示为曲轴上的各种基准。

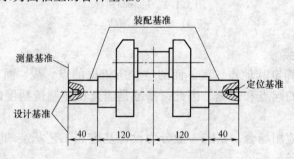

图 3-1-4　曲轴上的各种基准

2. 定位基准的选择

设计基准是零件图上给定的，而定位基准可有几种不同的方案，选择得是否合理，直接影响能否保证加工表面间的尺寸精度和加工表面间的位置精度。所以定位基准的选择是机械加工中较重要的环节。

在零件机械加工第一个工序中只能选择未经加工的毛坯表面作为定位基准，这种基准定位表面称为粗基准。在以后的各个工序中就可用已加工过的表面作为定位基准。

（1）粗基准的选择　如图 3-1-5 所示的联轴器零件毛坯，由于在铸造时造成了内孔 D_2（毛坯）与外圆 D_1 有偏心，在加工时如果用不需要加工的外圆 D_1 作为粗基准（即用自定心卡盘夹住外圆 D_1）加工内孔 D_2（毛坯）和外圆 D_3 时，虽加工余量不均匀，但加工后的内孔 D_2、外圆 D_3 与不加工的外圆 D_1 是同轴的，即加工后的壁厚是均匀的。与之相反，如图 3-1-6 所示，若选用内孔 D_2 作为粗基准，即用单动卡盘夹住外圆 D_1，并按内孔 D_2（毛坯）找正，则内孔 D_2（毛坯）的加工余量是均匀的，但加工后内孔 D_2 和外圆 D_1 不同轴，即工件的壁厚是不均匀的。

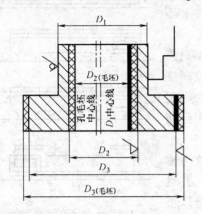

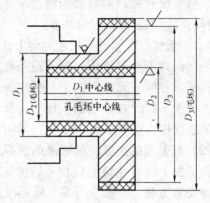

图 3-1-5　以不加工表面作粗基准　　　　图 3-1-6　以加工表面作粗基准

由此可见，粗基准的选择影响各加工表面的余量分配以及加工表面与不需要加工表面之间的相互位置。而且这两方面的要求是相互矛盾的。因此在选择粗基准时，必须首先搞清楚哪一方面的要求是主要的，这样才能正确选择基准。

粗基准的选择应考虑以下原则：

1）以不需要加工，但与加工表面有较高的位置精度要求的表面为粗基准。为了保证加工表面与不加工表面之间的相互要求，一般选择不加工表面为粗基准。如果在工件上有很多不加工表面，则应以其中与加工表面的相互位置要求较高的不加工表面作为粗基准。

在图 3-1-5 所示零件中，外圆 D_1 为不加工表面，为保证镗孔后孔 D_2 与外圆 D_1 的同轴度，应选择外圆 D_1 表面为粗基准。

2）应以要求加工余量小而均匀的表面作为粗基准。如车床导轨面的加工。因为车床导轨面是车床床身的主要表面，精度要求高，并且要求耐磨，在铸造床身毛坯时，导轨面向下放置，使其表面的组织细密均匀，没有气孔、夹砂等缺陷。因此加工时要求加工余量均匀，以便达到高的加工精度，同时切去的金属层应尽可能薄一些，以便留下一层组织紧密、耐磨的金属层。同时导轨面又是车床上最长的表面，容易发生余量不均匀和余量不够的危险。如图 3-1-7a 所示的定位方法，以床脚为粗基准，若导轨表面上的加工余量不均匀，则要切去的余量太多，不但影响加工精度，而且将比较耐磨的金属层切去，露出较疏松、不耐磨的金属组织。所以应用图 3-1-7b 的定位方法（以导轨面作粗基准加工车床床脚平面，再以床脚平面为精基准加工导轨面）来加工，导轨面的加工余量均匀，床脚上的加工余量不均匀不影响床身的加工。

3）用毛坯制造中尺寸、位置比较可靠及平整光洁的表面为粗基准。这样使加

工后各表面对各不加工表面的尺寸要求、位置要求
更容易符合图样要求。在铸件上不应选择浇冒口的
表面、分型面和夹砂的表面为粗基准。在锻件上不
应选择有飞边的表面作为粗基准。

4）一般情况下，同一尺寸方向上的粗基准只能
使用一次，即不重复使用。因为粗基准的定位精度
很低，所以在同一尺寸方向上只使用一次，否则定
位误差太大。因此在以后的工序中，都应使用已切
削过的表面作为精基准。

（2）精基准的选择 精基准的选择主要应考虑
如何保证加工的尺寸精度和相互的位置精度，并且
使工件安装方便、准确、可靠。精基准应遵循以下
原则：

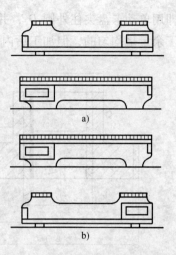

图 3-1-7 床身导轨面加工的两种
定位方法的比较

1）基准重合。以设计基准为定位基准来避免基
准不重合而引起的误差。

如图 3-1-8 所示的主轴箱体，在镗床上加工主轴孔 I 时，以其设计基准平面 A
和底侧面 B 作为定位的精基准（见图 3-1-8a），用调整法加工就符合基准重合原
则，不会产生基准不重合误差。

若以箱体顶平面 C 和两铸孔作为精基准（见图 3-1-8b），用调整法加工就不符
合基准重合的原则，因而产生基准不重合误差。因为，用顶平面 C 为精基准以调
整加工主轴孔 I 时，要以顶平面 C 为测量基准，按尺寸 $h_2{}^{+\delta h_2}_0$ 对刀（即夹具保证的
尺寸是 $h_2{}^{+\delta h_2}$，而零件图规定了加工要求的尺寸却是 $h_1{}^{+\delta h_1}_0$）。可见尺寸 $h_1{}^{+\delta h_1}_0$ 是通
过尺寸 $h{}^{+\delta h}_0$ 和尺寸 $h_2{}^{+\delta h_2}_0$ 间接保证的，则这批主轴箱的尺寸 h_1 的变化为

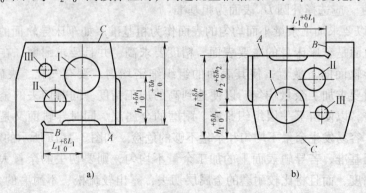

图 3-1-8 镗加工箱体主轴孔的两种定位方式

$$h_{1max} = h_{max} - h_{2min}$$
$$h_1 + \delta h_1 = h + \delta h - h_2 \tag{3-1-1}$$

$$h_{1min} = h_{min} - h_{2max}$$

$$h_1 = h - (h_2 + \delta h_2) \tag{3-1-2}$$

式 (3-1-1) – 式 (3-1-2) 得

$$\delta h_1 = \delta h + \delta h_2$$

尺寸 $h^{+\delta h}_0$ 原来对孔 I 的轴心线尺寸无关，但由于采用顶面 C 作为定位基准，使尺寸 h_1 的误差 δh_1 中引入了一个从定位基准到设计基准之间的尺寸 h 的误差 δh。这个误差就是基准不重合误差。因为它是在定位过程中产生的，所以称为定位误差。

设零件图中规定 $\delta h_1 = 0.3mm$，$\delta h = 0.2mm$。若要采用底面 A 作为定位基准，直接获得尺寸 $h_1^{+\delta h_1}_0$，则要求加工误差在 $0 \sim 0.3mm$ 范围之内。而基准不重合时，则

$$\delta h_2 = \delta h_1 - \delta h = 0.3mm - 0.2mm = 0.1mm$$

尺寸 h_2 的误差必须在 $0 \sim 0.1mm$ 范围之内，才能保证这批主轴箱尺寸 $h_1^{+\delta h_1}_0$ 符合图样规定的要求。这就比基准重合时的情况提高了加工要求。

2）基准统一。应尽可能选用统一的定位基准加工各表面，以保证各表面间的相互位置精度，这称为基准统一。例如，在加工轴类零件时采用中心孔定位作精基准可以对许多不同直径的外圆表面进行加工（阶梯轴），保证各外圆表面对轴心线的同轴度；齿轮以其内孔和端面作为定位精基准分别进行齿坯和齿形加工等都应用基准统一的原则。采用基准统一原则有以下优点：

① 简化了工艺过程，使各工序所用的夹具结构相同或相似，减少了设计和制造夹具的时间和费用。

② 由于基准统一，有可能在一次安装中加工较多表面，从而减少了安装时间，提高了生产率。

③ 由于基准统一，有可能在一次安装中加工出各个不同的表面，减少了安装次数，有利于提高各加工面的相互位置精度。

3）自为基准。某些精加工工序要求加工余量小而均匀，则应选择加工表面本身作为定位的精基准，称为自为基准。例如，磨削床身导轨时按导轨面本身找正定位，浮动铰刀铰孔、拉刀拉孔以及磨床磨削圆柱形工件都是以加工表面本身为定位精基准的。

4）互为基准。在一些相互位置精度要求很高的表面加工中，可以采用互为基准的加工方法。如车床主轴前端面内锥孔与主轴颈的同轴度要求很高，可先以轴颈定位加工内锥孔，然后再以内锥孔定位加工轴颈，如此反复进行可获得很高的同轴度。

5）精基准的选择应便于工件的定位和夹紧，并使夹具结构简单，操作方便，所选定位基准的面积与被加工表面相比应有较大的长度和宽度，以保证定位和夹紧的可靠性，进而提高其加工的相互位置精度。

例如，图3-1-9所示为锻压机立柱铣削工序中的两种定位方案。底面与导轨面的尺寸之比 $a:b=1:3$。若用已加工的底面为定位精基准加工导轨面，假设安装时在底面处产生0.1mm的定位误差，则导轨面上加工所得到的实际误差为0.3mm，如图3-1-9a所示；如果先加工导轨面，然后以导轨面作为定位精基准加工底面，若在同样的安装误差（0.1mm）条件下，在底面上加工所得到的误差约为0.03mm（见图3-1-9b）。这样，装配时导轨的倾斜度前者为0.3mm，后者为0.1mm。

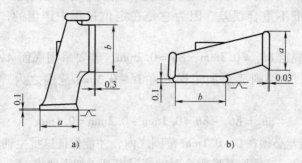

图3-1-9　精基准面积大小的影响

五、工艺路线的拟定

工艺规程设计一般分为两步：第一步，首先拟定工艺路线（即工艺总体方案设计）；第二步，进行工序内容设计。拟定工艺路线是制定工艺规程中比较重要和比较复杂的问题之一。工艺路线拟定得是否合理直接影响到零件的加工质量、生产率和经济性等，所以它是制定工艺规程的关键一步。因此，要充分调查研究，拟定几个方案，进行分析比较，选定合理方案。

1. 工艺路线拟定时主要考虑的因素

1）加工方法的选择。

2）加工阶段的划分。

3）工序的集中与分散。工序集中是将较多的工步尽可能地集中到一个工序中，从而使的工序数目减少。工序集中的特点是可采用高生产效率的专用机床和工艺装备，大大提高生产率；可减少设备的数量，减少工序的数目，缩短加工时间和生产周期，提高生产率，减少安装次数，保证各加工表面的相互位置；简化生产组织。工序分散则正好相反，各个工序中的工步减少，工序数目相对地增多。其特点是可用较简单的设备和工艺装备，对工人的技术要求不高。

综合以上特点，在单件小批生产时，为简化生产计划，常采用工序集中，在通用机床上完成更多的表面加工，减少工序数目；在大批量生产时可采用工序分散，组织生产流水线。

4）加工顺序的安排。

5）加工余量的确定。

2. 加工顺序的安排和加工余量的确定

（1）加工顺序的安排

1）切削加工工序。安排切削加工工序应满足下列原则：

① 先粗后精。先安排粗加工，中间安排半精加工，最后安排精加工和光整加工。

② 先主后次。先加工主要表面，再加工次要表面。主要表面是指装配表面、工作表面等。次要表面是指键槽、紧固用的光孔和螺孔等。因为一般次要表面加工工作量较少，而且又与主要表面有相互位置要求，所以放在主要表面加工之后、在最后精加工或光整加工之前。

③ 先基准后其他。加工一开始，总是先把基准面加工出来。因为，加工其他表面要以基准面定位，先加工它才能使加工其他表面的精度更高。如果精基准面是几个时，应按照基准转换的次序和逐步提高加工精度的原则来安排基准面和主要表面的加工。例如加工轴类件时，常用中心孔作统一定位基准，因此，每个加工段开始总是先加工中心孔。又如，在加工平面轮廓尺寸较大的零件时，用平面定位比较稳定，所以常选作定位精基准，总是先加工平面后加工孔。

2）热处理工序。热处理主要用来改变材料的性能及消除内应力。一般又分为：

① 预备热处理。改善切削性能、清除毛坯制造时的内应力。一般安排在切削加工之前。例如，高碳钢一般采用退火，以降低硬度；对于低碳钢一般采用正火，提高材料的硬度。为此，把这些退火、正火放在切削加工之前。调质也可作为预备热处理，但若以提高力学性能为主应放在粗加工之后、精加工之前。

② 去内应力处理。退火、人工时效处理最好安排在粗加工之后、精加工之前。但为避免过多的运输，对于精度要求不高的零件，一般把去除内应力的退火和人工时效放在毛坯进入机加工车间之前即切削加工之前。对于精度要求特别高的零件（如精密丝杠），在粗加工和半精加工过程中要经过多次去内应力退火，在粗、精磨削过程中还要经过多次人工时效。另外对于机床的床身、立柱等铸件，常在粗加工前及粗加工后进行自然时效，消除内应力，使材料组织稳定，以后不再继续变形。

③ 最终热处理。淬火-回火、渗碳安排在半精加工之后、磨削加工之前。渗氮安排在粗磨和精磨之间。最终处理主要用于提高材料的强度和硬度。

3）辅助工序的安排。检验工序是主要的辅助工序，它是保证产品质量的主要措施。除了每道工序的进行中操作者都必须自行检验外，还应在下列情况下安排单独的检验工序：

① 粗加工阶段之后。

② 关键工序前后。

③ 特种检验（磁力探伤、密封试验）之前。

④ 从一个车间转到另一车间加工之前。

⑤ 全部加工结束后。

除检验工序之外还要考虑安排去飞边、倒棱边、清洗、涂防锈油等辅助工序。

（2）加工余量的确定

1）加工余量的概念。加工余量一般分为加工总余量和工序间加工余量。零件由毛坯加工为成品，在加工面上切去的金属总厚度称为该表面的加工总余量。每个工序切掉表面的金属厚度称为该表面的工序加工余量。工序间加工余量又分为最小余量、最大余量和公称余量。

① 最小余量是指该工序切除金属层最小厚度。对外表面而言，相当于上工序是最小工序尺寸，而本工序是最大尺寸的加工余量。

② 最大余量相当于上工序为最大尺寸，而本工序为最小尺寸的加工余量（这是对外表面而言，而内表面的上工序和本工序的尺寸大小正好相反）。

③ 公称余量是指该工序的最小余量加上上工序的公差。

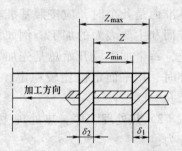

图 3-1-10　外表面加工顺序示意图

图 3-1-10 所示为外表面加工顺序示意图。从图中可知：

$$Z = Z_{\min} + \delta_1$$

$$Z_{\max} = Z + \delta_2$$

$$= Z_{\min} + \delta_1 + \delta_2$$

式中　Z——本工序的公称余量；

　　$Z_{\min}$——本工序的最小余量；

　　$Z_{\max}$——本工序的最大余量；

　　δ_1——上工序的工序尺寸公差；

　　δ_2——本工序的工序尺寸公差。

但要注意，平面的余量是单边的，圆柱面的余量是两边的。余量是垂直于被加工表面来计算的。内表面（如孔）的加工余量，其概念与外表面相同。

由工艺人员手册查出的加工余量和计算切削用量时所用的加工余量，都是指公称余量。但在计算第一道工序的切削用量时应采用最大余量。总余量等于各工序的公称余量的总和。总余量不包括最后一道工序的公差。

2）确定加工余量的方法

① 查表法。确定工序间公称余量是以大量的生产实践和实验数据为基础，以

表格的形式制定出工序间公称余量的标准，列入机械制造工艺手册。确定工序间公称余量时可以通过查表法得到，此方法应用较广。

② 经验法。此方法是根据工艺人员的经验确定工序间公称余量的方法。经验法较简单，但为防止余量不足而产生废品，所以估计的余量偏大。此方法常用于单件小批生产。

③ 计算法。根据影响加工余量的因素，逐步计算出公称余量。此方法计算出的余量较精确，但由于影响因素较复杂，难以获得准确数据，所以很少使用。

第二章

铣削典型案例

一、铣球面

1. 铣外球面

（1）工件图（见图3-2-1）

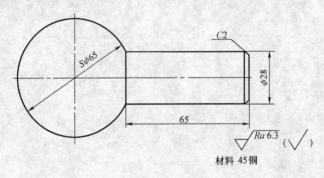

图 3-2-1　工件图

（2）读图　从图 3-2-1 中可看出，该工件是一个 $S\phi65\,mm$ 的球，带有一个 $\phi28\,mm$ 的柄，柄长 65 mm。铣前柄部已由车削加工完成，并达到图样要求。

（3）铣削加工　该工件应用铣刀盘铣削，铣削时工件需要有一定倾斜，其加工应按照下列步骤进行。

① 计算铣刀倾斜角。该工件应使用硬质合金铣刀盘加工。图 3-2-2 是该工件的加工示意图。图中 D 为柄部直径，R 为球的半径，由图中可以看出，刀盘和工件不能垂直，也不能同轴，必须倾斜一个角度 α。该角度计算如下

$$\sin\alpha = \frac{D}{2R} = \frac{28}{2 \times 32.5} = 0.4307$$

$$\alpha = 12°45'$$

② 计算铣刀盘的刀尖直径 d_e。

$$d_e = 2R\cos\alpha = 2 \times 32.5\text{mm} \times \cos12°45' = 63.4\text{mm}$$

③ 装夹铣刀。从图 3-2-2 可以看出，加工该工件的铣刀装夹有两种方式：一种是铣刀倾斜（见图 3-2-2a），另一种是工件倾斜（见图 3-2-2b）。现以工件倾斜为例说明。选择立式铣床，将 $d_e = 63.4\text{mm}$ 的铣刀盘装夹在立铣头上，刀杆垂直于工作台（刀盘平行于工作台）。

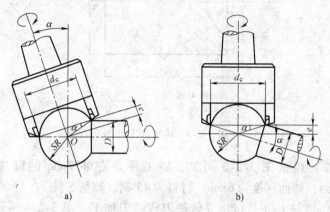

图 3-2-2　带柄球面的加工计算

a）主轴倾斜法　b）工件倾斜法

④ 装夹工件。将分度头装夹在工作台上，将工件的柄部装夹在分度头的三爪夹盘上，并紧固好。将分度头的夹盘向上倾斜 12°45'。

⑤ 铣削加工。开动铣床，先检查铣刀是否合格，当确认铣刀合格后，开始移动工件。

用手摇动工作台的纵向和横向移动手柄，使工件的球面与铣刀同心。提升工作台使工件与铣刀轻轻接触（使工件上划痕成圈），然后再使工作台下降，按下停止按钮，使铣床停止。用卡尺测量划痕的直径，当直径为 63.4mm 时，即证明铣刀合格，可以开始铣削。

开动铣床，提升工作台，进入铣削状态。当工件与铣刀刚开始接触时（吃刀量极小），工作台停止上升，摇动分度头手柄使工件转动，工件转动一圈检验各处加工量的差别。当加工余量较均匀时，可正常铣削。再次提升工作台，使切削用量增加到 0.5mm 时，停止提升工作台；当加工余量达不到时，工作台升至铣刀接触工件柄根部即停止，然后摇动分度头手柄使工件转动进行铣削。工件旋转一周后即铣削完毕。降下工作台，按下停止按钮。

⑥ 测量。用卡尺测量工件球面的各向直径，当各向均为 65mm（或在允许的公差范围内）时，该工件合格。

若工件水平固定，铣刀倾斜则应将立铣头倾斜 12°45'，其他操作相同。也可以将工件装夹在回转工作台上进行加工。

2. 铣内球面

（1）工件图（见图3-2-3）

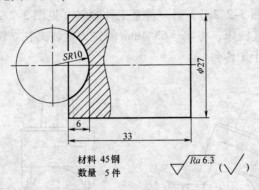

材料 45 钢
数量 5 件

$\sqrt{Ra\,6.3}$ ($\sqrt{}$)

图 3-2-3　内球面工件图

（2）读图　根据图 3-2-3 可知，该工件是在 $\phi27\text{mm}$ 的圆柱的端头，铣 $SR10\text{mm}$ 的球面，球面深度为 6mm。材料为 45 钢，数量 5 件。

（3）铣削加工　该工件可用立铣铣刀或镗刀加工。图 3-2-4 所示为用立铣刀加工的两种情况。

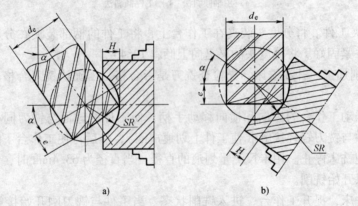

a)　　　　　　　　　　b)

图 3-2-4　用立铣刀铣内球面
a）主轴倾斜法　b）工件倾斜法

① 确定立铣刀的直径 d_e

$$d_{e\min} = \sqrt{2RH} = \sqrt{2 \times 10 \times 6}\,\text{mm} = 10.9\text{mm}$$

$$d_{e\max} = 2\sqrt{R^2 - \frac{RH}{2}} = 2\sqrt{10^2 - 10 \times \frac{6}{2}}\,\text{mm} = 16.7\text{mm}$$

选取 $d_e = 16\text{mm}$。

② 计算铣刀（或工件）倾斜角 α，该角度计算如下

$$\cos\alpha = \frac{d_e}{2R} = \frac{16}{2 \times 10} = 0.8$$

$$\alpha = 36°52'$$

③ 装夹铣刀。从图 3-2-4 中可以看出，该工件的铣刀装夹有两种方式：主轴倾斜法和工件倾斜法。现以主轴倾斜法为例说明。此时可以选择立式铣床或万能铣床，将 $d_e = 16mm$ 的铣刀装夹在立铣头上，刀杆倾斜 36°52'。

④ 装夹工件。将分度头装夹在工作台上，将工件装夹在分度头的三爪夹盘上，并紧固好。工件的轴线平行于工作台。

⑤ 铣削加工。将铣头的转速调到 50~100r/min（硬质合金可达 200~300r/min），开动铣床，开始移动工件。

提升工作台使工件中心与铣刀的切削刃处于同一高度，再用手摇工作台的纵向和横向移动手柄，使铣刀与工件轻轻接触，至工件上稍有划痕时退刀，检验工件的对中情况，当确认对中良好时，工作台上下和横向定位，开始铣削。

铣削时，用手摇动工作台纵向移动手柄进刀，当工件与铣刀接触时，摇动分度头手柄使工件转动，同时根据吃刀量的大小摇动纵向手柄，直至达到铣削深度。

在铣削过程中，尤其是球面深度超过 5mm 以后，要注意进刀速度和卡盘旋转速度的恰当配合，同时要观察球面与工件的同心度。当加工余量剩不到 0.5mm 时，应退刀停止铣削，检查几何有无偏差，当确认一切正常后，继续铣削，最后属于精铣，进刀速度应慢些。直至铣削完毕。

当确认铣削完成时，反向摇动纵向手柄退刀，按下停止按钮，取下工件，自检。

⑥ 测量。测量工件球面的深度和直径。当深度为 6mm，直径应为 18.32mm，或在允许的公差范围内时，该工件合格。

二、铣椭圆孔

1. 工件图（见图 3-2-5）

2. 读图

根据图 3-2-5 可知，该工件是一个有椭圆孔的工件，孔的长轴 100mm，短轴 96mm。工件的外形为边长 140mm 的正方形，椭圆孔长 20mm。由 45 钢板制作。

3. 铣削加工

这种工件应在立式铣床上加工。图 3-2-6 所示为：加工时工件、铣刀和机床主轴的相对位置。其加工要点如下：

1）工件安装后，椭圆孔的轴线应垂直于工作台面，椭圆的短轴方向应和纵向工作台的进给方向平行。

2）主轴轴线应和椭圆轴线找正在同一平面内。这可用对中心方法，通过调整横向工作台的位置来达到。

3）精镗时，镗刀刀尖直径应等于椭圆长轴直径 $D = 100mm$，主轴的倾角 α 可按下式计算

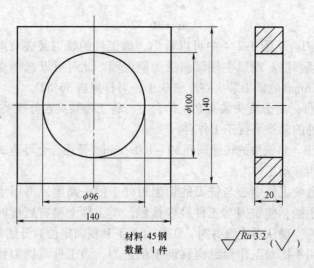

材料 45 钢
数量 1 件

$\sqrt{Ra\,3.2}$ ($\sqrt{}$)

图 3-2-5 加工椭圆孔工件图

$$\cos\alpha = \frac{96}{100} = 0.96$$

$$\alpha = 16°16'$$

4）工件的轴向进给可利用升降台进行。这里要注意，椭圆孔的长度不能过长，否则，倾斜的镗杆会和孔壁相碰，为保证刀杆和孔壁不相碰，刀杆直径 $d_{刀杆}$ 应满足

$$d_{刀杆} \leqslant D\cos2\alpha - 2H\sin\alpha$$

式中　D——椭圆长轴直径（mm）；

　　　α——主轴倾角（°）；

　　　H——工件椭圆孔长度（mm）。

三、铣大圆弧面

大半径圆弧面通常都采用成形铣刀加工，也可以在立铣床或万能铣床上采用小于工件圆弧半径的盘铣刀或面铣刀加工。加工时，立铣床主轴轴线倾

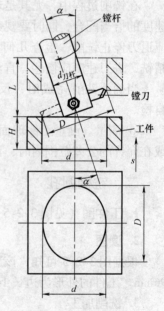

图 3-2-6 镗椭圆孔

斜 α 角或万能铣床纵向工作台扳转一个 α 角，当工件安装在图 3-2-7 所示左边位置，纵向工作台沿 v_{f1} 方向进给时，铣出凹圆弧面；而工件安装在右边位置并沿 v_{f2} 方向进给时，则可铣出凸圆弧面。图 3-2-7 所示为在立铣床上铣削大圆弧面的情形。

这种方法实质上是用椭圆面来代替圆弧面。因为在椭圆短轴两端附近的椭圆曲线其曲率半径很大，非常接近一段大半径圆弧，所以在工件要求不高的情况下，可以用这一部分的椭圆表面来近似代替大圆弧表面。

用这种方法铣削，其圆弧面半径 R 的大小与铣刀刀尖回转直径 d_0 及倾角 α 有关。因此，加工时应先确定 d_0，然后按圆弧面半径 R 和铣刀刀尖回转直径 d_0 来计算。铣刀盘刀尖回转直径 d_0 与倾斜角 α 的计算公式如下

$$d_0 \geqslant 2\sqrt{H(2R-H)}$$

$$\sin\alpha = \frac{d_0 + \sqrt{d_0{}^2 - 4H(2R-H)}}{2(2R-H)}$$

式中　R——工件的圆弧半径（mm）；

　　　H——圆弧弦高（mm）；

　　　d_0——铣刀盘刀尖的回转直径（mm）；

　　　α——在立铣床上铣削时为立铣头主轴倾斜角，在万能铣床上铣削时为纵向工作台转角。

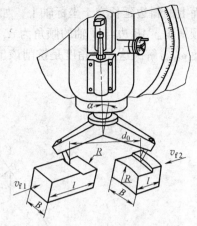

图 3-2-7　在立铣床上铣削大圆弧面的情形

四、铣复合斜面

1. 工件图（见图 3-2-8）

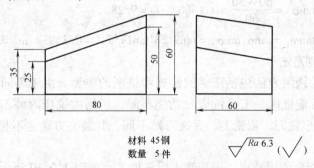

材料 45钢
数量　5件

$\sqrt{Ra\ 6.3}$ $\left(\sqrt{}\right)$

图 3-2-8　铣复合斜面工件图

2. 读图

根据图 3-2-8 可知，该工件为一个复合斜面垫铁，工件的底部是一个长方形，尺寸为 80mm×60mm。在底边两个方向上表面都有倾斜度，故称复合斜面，该工件的关键是确定装夹角度。

3. 斜面倾角的确定

根据前面所述平面、单斜面的铣削可知：只要被铣削的表面是平的，不管是怎样倾斜，只要能使被铣表面与工作台纵向平行，就很容易铣削了。如何使被铣表面与工作台纵向平行呢？首先要分析这个斜面。

把工件放在 $OXYZ$ 直角坐标系中，工件最高的立边作为 Z 轴，并把两条在坐标

面上的斜边延长交于坐标轴上,如图3-2-9所示,便可以找出斜面在各个方向上的倾斜角。AB边与X轴的倾角为α_X,AD边与Y轴的倾角为α_Y,还有一个是复合夹角ω_Y。解决这三个角度是铣削该工件的首要问题。由图3-2-9可知

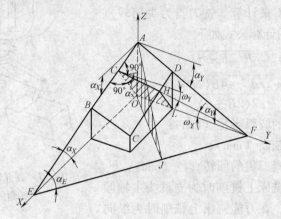

图3-2-9 复合斜面的复合角

$$\tan\alpha_X = \frac{60-35}{80} = 0.3125 \quad \alpha_X = 17°21'$$

$$\tan\alpha_Y = \frac{60-50}{60} = 0.1666 \quad \alpha_Y = 9°28'$$

$$\tan\omega_Y = \tan\alpha_Y\tan\alpha_X = \tan9°28'\tan17°21' = 0.1591 \quad \omega_Y = 9°8'$$

4. 选择铣削方法

这里所说的铣削方法包括工件的装夹和铣削的类型。由于不同的铣床(立铣床、卧铣床、万能铣床、工具铣床)功能不同,所用的铣床附件不同,铣削刀具(圆柱铣刀、盘形铣刀、周铣刀、面铣刀)不同,其装夹方法也不相同。下面分别做以介绍。

(1)用万能台虎钳装夹,用端铣或周铣加工 如图3-2-10所示,将工件装夹

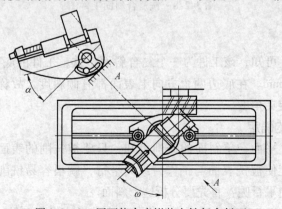

图3-2-10 用万能台虎钳装夹铣复合斜面

在万能台虎钳的钳口上，底面紧贴在钳口底平面上；台虎钳的水平旋转轴转动（垂直转动）工件原始倾角 α，即 $\alpha_X = 17°21'$；钳身在底座上转动（水平转动）复合角 ω，即 $\omega_Y = 9°8'$。

这种方式装夹后，被铣面是垂直方向的。该铣削方法可以用圆柱形立铣刀周铣，也可以在卧式铣床上端铣，还可以在卧式铣床上用锯片铣刀切断。

（2）斜垫铁与台虎钳转动配合加工　如图 3-2-11 所示，取一斜垫铁，其角度与工件原始倾角 α 相同，即倾斜角为 $17°21'$，将垫铁放在钳口的底平面上，再将工件放在垫铁上夹紧。应注意的是，垫铁的两面必须与台虎钳和工件严密贴合，否则角度不准确。然后将台虎钳配合转动 ω 角，即 $9°8'$，然后进行铣削加工。图 3-2-11b 所示是用万能台虎钳配合斜垫铁在立铣床上用面铣刀加工。垫铁的角度为 α（$17°21'$），台虎钳绕水平轴旋转角度为 ω（$9°8'$），用面铣刀在上表面水平铣削即可。

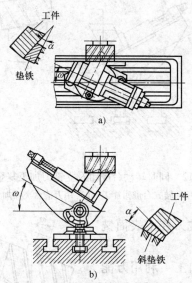

图 3-2-11　斜垫铁与台虎钳转动相配合加工复合斜面

a）用回转式台虎钳加工　b）用万能台虎钳加工

（3）同时转动台虎钳与立铣头加工　如图 3-2-12a 所示，台虎钳转动工件原始倾角 α（$17°21'$），同时立铣头转动（倾斜）复合角 ω（$9°8'$），在立铣床上用圆柱铣刀周铣即可。图 3-2-12b 所示为用万能台虎钳装夹，工件的底部平贴在台虎钳钳口的底平面上，然后使台虎钳绕水平轴转动 α（$17°21'$），立铣头倾斜复合角 ω（$9°8'$），在立铣床上用面铣刀在上表面铣削即可。加工好的上表面是斜面，故铣削操作时注意不要过铣，以防造成废品。

（4）斜垫铁与立铣头转动相配合加工　如图 3-2-13 所示，在工件下面垫角度等于 α（$17°21'$）的斜垫铁，然后用夹具将工件装夹在工作台上；立铣头转动一个

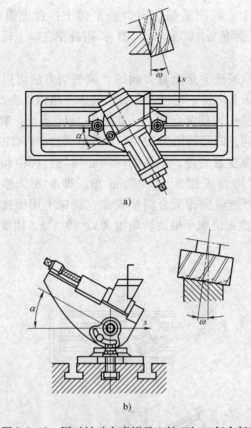

a)

b)

图 3-2-12　同时转动台虎钳及立铣刀加工复合斜面
a) 用回转式台虎钳加工　b) 用万能台虎钳加工

复合角 ω（$9°8'$），用面铣刀在上表面铣削即可。

（5）在工具铣床上加工　利用万能工具铣床的三向旋转工作台，可将工件的复合斜面转到水平或垂直位置，然后进行铣削。

（6）直接装夹在铣床工作台上加工　前面所讲的五种方法不适于较大的工件。当工件的长、宽尺寸超过 400mm 时，各种台虎钳都很难直接装夹。只有直接在工

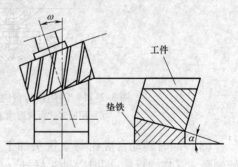

图 3-2-13　斜垫铁与立铣头转动相
配合加工复合斜面

作台上装夹。其装夹方法是：在铣床的工作台上放一块角度为 α_1 的斜垫铁，再将工件放在垫铁上，用夹具将工件及垫铁同时装夹在工作台上，用铣平面的方法铣削。

α_1 为工件上斜面的最大倾斜角。这个角的求法参见图 3-2-9。作 EF 的垂线

OJ，交 EF 线于 J 点，斜线 AJ 则是斜面的最大斜度线。由图中几何关系知

$$\overline{OJ} = \overline{OE}\sin\alpha_E$$

$$\tan\alpha_E = \frac{\overline{OF}}{\overline{OE}}$$

$$\tan\alpha_J = \frac{\overline{AO}}{\overline{OJ}} = \frac{\overline{AO}}{\overline{OE}}\sin\alpha_E$$

该工件的斜度计算如下

$$\overline{OE} = 60 \times \frac{80}{60-35}\text{mm} = 192\text{mm}$$

$$\overline{OF} = 60 \times \frac{80}{60-50}\text{mm} = 360\text{mm}$$

$$\tan\alpha_E = \frac{\overline{OF}}{\overline{OE}} = \frac{360}{192} = 1.875 \quad \alpha_E = 61°55'$$

$$\tan\alpha_J = \frac{\overline{AO}}{\overline{OE}}\sin\alpha_E = \frac{60}{192}\sin61°55' = \frac{60}{192 \times 0.8823} = \frac{60}{169.4} = 0.3542$$

$$\alpha_J = 19°30'$$

各参数求出以后，将工件翻转，用游标万能角度尺从 60mm 长的边量取 61°55′ 划线，交边线于 A 点（见图 3-2-14a），并把线引到侧壁上以便于装夹时观察。取倾斜角为 19°30′的斜垫铁（见图 3-2-14b），在中间位置划出最大斜度线 AA，将工件的高边对准斜垫铁的 AA 线的低点，工件的 A 点也对准斜垫铁 AA 线，装夹在铣床的工作台上，便可以进行铣削了。

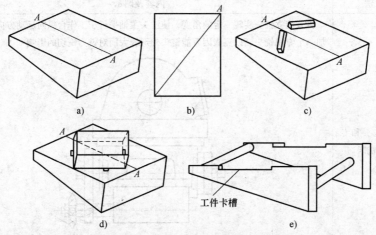

图 3-2-14　大型工件的装夹及装夹附件

这种装夹的难度较大，甚至有时装夹不牢固，而倾斜角越大装夹难度越大。因此，必要时可在垫铁上焊上两条挡块（见图 3-2-14c），以增加装夹的稳定性。

如果允许的话，也可以用点焊的方法将工件固定在斜垫铁上（见图3-2-14d）所示，这样只要将垫铁装夹在工作台上就可以了。对于太大的工件，如果用如上所说的垫铁往往不太合适，一是质量太大不便于安装，二是可能没有合适的垫铁，在这种情况下可以用铁板制作一个简易的垫铁（见图3-2-14e），铁板的斜度为复合斜面的最大倾斜角 $\alpha_J = 19°30'$。将工件放在卡槽内，再将简易垫铁装夹在工作台上就可以铣削了。为了装夹方便，还可以在垫铁上根据需要任意增加装夹结构。

前面所述六种装夹及铣削方法各有特点，铣削时选择哪一种方法应根据各单位的实际情况而定。对于小工件尽量不要采用第六种装夹方法，只有在前五种方法无法装夹时，才采用第六种装夹方法。

5. 铣刀的选择

铣削斜面和铣削平面时一样，铣刀的选用范围较大。周铣加工时，铣刀的直径不宜太小，太小往往会出现刚度和强度不够的问题，容易造成铣削表面不平或打刀；也不宜太大，太大装卡不方便。用面铣刀铣削时，刀具的强度和刚度不会有问题，但直径太小会影响加工效率。当铣削平面不大时，可以尽量选择能够一次完成的刀具，以避免出现接刀缺陷。

五、铣长齿条

1. 刀具安装

铣长齿条时，必须要对铣床进行改装，以使齿轮盘铣刀的旋转平面和齿条的齿槽一致，安装方法见表3-2-1。

表3-2-1　铣削齿条时刀具安装

方　　法	内容及图示
用万能铣头和专用铣头改装铣床	将万能立铣头旋转一定的角度，使铣头主轴平行于工作台纵向运动方向，然后再加一个专用铣头，以克服因万能铣头外形较大而对铣刀铣切的影响 1—万能铣头　2—铣头主轴　3、4—齿轮　5—铣刀

（续）

方　　法	内容及图示
卧式铣床横向刀架改装	通过一对交错轴斜齿轮使刀杆转过90°。安装横向刀架时，先将一只螺旋角为45°的交错轴斜齿轮套在铣床主轴刀杆上，再将装好刀杆的支架装在铣床悬梁上，并使两只交错轴斜齿轮啮合，最后装上另一支架并加以紧固 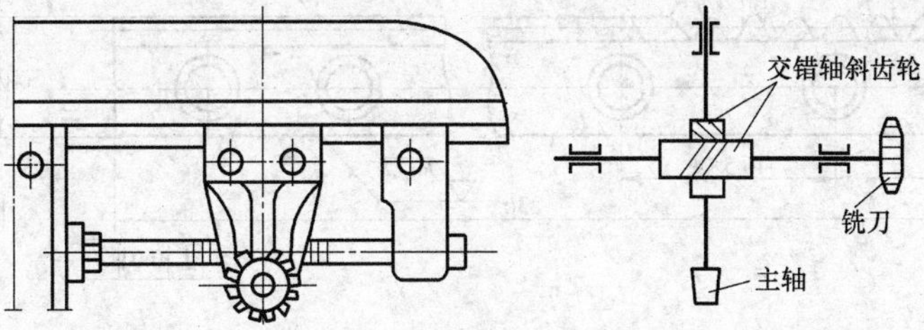 交错轴斜齿轮 铣刀 主轴
立式铣床横向刀架改装	通过一对锥齿轮来改变刀杆的工作位置，使铣刀的旋转平面和齿条的齿槽方向一致。安装这种刀架时，先将装有主动锥齿轮的锥柄轴装在立铣主轴锥孔内，用螺杆吊紧，然后再套上横向刀架，使刀杆轴线平行于工作台纵向运动方向，并用螺钉将刀架固定，装上铣刀即可开始工作 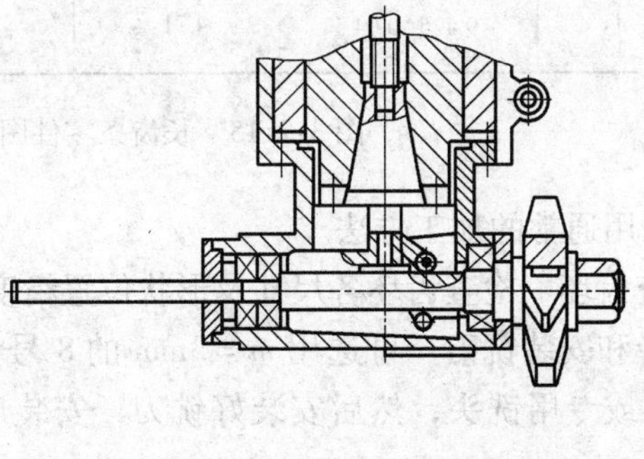

2. 工件图（见图3-2-15）

3. 加工步骤

1）工件安装。短齿条可用平口钳安装，钳口应与刀杆平行。长齿条则用两把平口钳或专用夹具装夹。

铣削长齿条时，因工作台横向行程有限，故需用纵向工作台控制齿距。此时，需将刀杆转动，使其轴线与工作台纵向进给方向平行。

2）选择铣刀。铣削齿条时，用8号铣刀。

3）铣削及分齿控制。每铣一个齿，工作台横向（铣长齿条时移动纵向）便移动一个齿距 $p = \pi m$，并根据所选择的分齿方法进行分齿，继续完成齿条剩余齿的铣削。

4. 实际加工

（1）图样分析　该例属于长齿条加工，需采用纵向移距的方法。齿条的精度

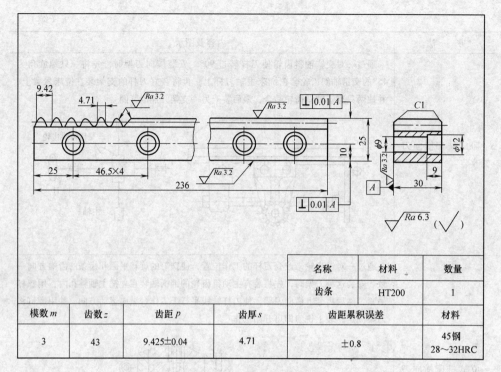

名称	材料	数量
齿条	HT200	1

模数 m	齿数 z	齿距 p	齿厚 s	齿距累积误差	材料
3	43	9.425±0.04	4.71	±0.8	45钢 28～32HRC

图 3-2-15　长齿条零件图

不高，故可采用通常的加工方法。

（2）检查齿坯　检查齿坯各尺寸及形状位置精度，均应符合图样要求。

（3）选择和安装铣刀　可选用 $m = 3\text{mm}$ 的 8 号齿轮铣刀加工。在铣床上先安装好横向刀架或专用铣头，然后安装好铣刀，安装后用百分表检查外圆和端面的圆跳动。

（4）工件装夹　装夹时，先用两个定位键嵌入工作台 T 形槽内，跨距约300mm，使工件侧面紧贴定位键，再用压板压紧，在压板下面要垫铜片，以免压伤工件。当铣到压板处时，可把压板移动一个位置，但要注意不让工件走动。

（5）对刀和选择铣削用量　选用 $m = 3\text{mm}$ 的齿轮铣刀，直径为70mm；选择进给速度 $v_c = 15\text{m/min}$、进给量 $f = 0.5\text{mm/r}$，则铣床的主轴转速 $n = 60\text{r/min}$，$v_f = 30\text{mm/min}$。用 8 号齿轮铣刀时，切齿深度为 $2.2m = 6.6\text{mm}$。对刀时，开动机床，使旋转的铣刀在工件端部（齿槽部位）上表面微微接触，使工件离开铣刀，垂向上升6.6mm。纵向移动工作台，使铣刀侧刃与工件接触，横向退出工件，然后纵向移动一个距离 s'

$$s' \leqslant p/4 + m\tan\alpha = (3\pi/4 + 3\tan20°)\text{mm} = 3.448\text{mm}$$

实际为 $3 \sim 3.4\text{mm}$。

端部的半条齿槽铣好后，纵向移动一个齿距（9.425mm），把工作台下降

0.5mm，试切第一条齿槽。根据试切后测得的齿厚，再补充切深量，铣削至符合图样要求的齿厚尺寸。第一条齿槽铣好后，纵向再移动一个齿距，铣第二条齿槽，并再测量齿厚，合格即可逐齿加工。

（6）分齿方法　本例的精度较低，故可采用任何一种分齿方法。若用刻度盘分齿时，为了减小齿距的积累误差，最好在铣削分度移距时，第一个齿距尺寸为9.40mm，第二个齿移距为9.45mm，以后依次循环。

对精度高的齿条，若把图 3-2-15 所示的工件精度提高为：齿厚为 $4.71^{-0.085}_{-0.160}$mm、齿距误差为 ±0.018mm、齿距累积误差为 ±0.06mm 时，其加工情况如下：

① 最好采用专用齿条铣刀进行铣削，此时校正的铣削深度为 2.25m = 6.75mm。铣刀和工件的装夹仍和普通齿条相同，但在加工时需要细致。铣削速度和进给量也相同；对刀和试切也相同。

② 铣刀安装好后，应检查其端面和径向圆跳动。

③ 选择分齿方法要根据齿距误差和齿距累计误差，以及机床工作台丝杠和螺母的传动精度来确定。若机床丝杠传动系统的精度较低，如有不均匀的磨损等，在单件生产时可采用量块法或用数显装置。在成批生产时最好采用数显装置。

（7）注意事项

① 用分度头移动齿距时，要进行误差验算，只要误差在 GB/T10096—1988 规定的范围内即为合格。

② 利用分度盘控制齿距分度时，要注意消除螺母与丝杠的间隙，以免影响齿距精度。

③ 铣削过程中要经常检查，发现问题及时解决。

第三章

铣削特殊案例（箱体加工）

一、箱体加工原则

箱体加工时，应先面后孔，先粗后精，先大后小，注意时效。

1. 先面后孔

（1）平面加工　平面是箱体类零件的主要表面之一。平面和孔不同，一般平面本身的尺寸精度要求不高，其技术要求如下：

① 形状精度，如平面度和直线度等。

② 位置精度，如平面的平行度、垂直度。

③ 表面质量，如表面粗糙度、表层硬度等。

平面加工方法主要有铣削、刨削、车削、磨削及拉削等。平面的精度要求很高时，可采用刮研、研磨来达到。回转体端面，主要用车削、磨削来加工；其他类的平面以铣削、刨削加工为主；拉削仅适应于大批大量生产中技术要求较高、且面积不太大的平面。淬硬平面用磨削加工来完成。

（2）孔加工　孔的加工要求主要有以下几项：

① 本身精度，包括孔的尺寸精度、孔的圆度和圆柱度等。

② 位置精度，包括孔与孔之间的同轴度、孔与其他表面的平行度、垂直度等。

③ 表面质量，主要指表面粗糙度等。

孔的加工方法有钻削、镗削、拉削及磨削等。根据孔的类型、技术要求和各种加工方法所能达到的精度和表面粗糙度值可拟定出孔的加工路线。

对于实心孔首先利用钻削钻孔，然后再根据孔的大小确定半精加工和精加工方法。对于小孔的半精加工以扩孔为主，精加工以铰孔为主。对大孔的半精加工、精加工以镗孔为主，进行半精镗、精镗或磨。对于淬硬孔只能用磨削进行精加工。

2. 先粗后精

在粗加工阶段，要切除较大量的加工余量，为下道工序加工打好基础，因此这一阶段的主要问题是如何获得高的生产率。而在精加工阶段，主要是保证各主要表面达到图样规定的质量要求。

（1）粗、精加工分开的原因

1）粗加工阶段中切除金属较多，产生的切削力和切削热都较大，所需的夹紧力也较大，因而使工件产生的内应力和由此引起的变形也大，不可能达到高的精度和小的表面粗糙度值。因此需要先完成各表面的粗加工，再通过半精加工和精加工逐步减少切削用量、切削力和切削热，逐步修正工件的变形，提高加工精度和减小表面粗糙度值，最后达到图样规定的要求。

2）粗、精加工分开可合理使用机床设备。粗加工时可采用功率大、精度不高的高效率设备；精加工可采用相应的高精度机床。这样不但发挥了机床设备各自的性能特点，而且延长了高精度机床的使用寿命。

（2）粗、精加工分开的有利条件

1）粗加工各表面后可及早发现毛坯缺陷，及时报废或修补，以免继续进行精加工而浪费工时和增加制造费用。

2）精加工表面的工序安排在最后，可保护这些表面少受损伤或不受损伤。

3. 先大后小

（1）大　指平面面积较大，有利于工件的定位、夹紧。孔加工要先加工精度高的，特别是轴承孔。

（2）小　指非重要的平面及螺孔类的加工。

4. 注意时效

粗、精加工之间要安排人工时效或机械（振动）时效，以利于箱体材料的内应力或变形充分减少或消除。

同时要注意基准统一以及加工后的测量与检验。

这样制定出的箱体加工路线就较为完整了。具体请参看第三篇第一章的内容。

二、典型箱体加工实例

以下讲述了 XA6132-16021 升降台从毛坯开始加工到加工完成交库的整个过程。其中包括了零件机械加工工艺卡片的格式，零件加工的顺序、步骤，每道工序所需完成的加工内容，以及应达到的尺寸和精度要求。零件机械加工工艺卡片的格式可根据各单位具体情况有选择性地填写，有的项目可以为空不填写。

加工数量达到年产量 3000 台以上为大批量生产，生产线为刚性生产，大量使用专用设备、专用工装（如胎具、吊具、刀具、找正工具、钻模等）。测量时要使用一些专用量具及各类试规等，以提高生产效率，工艺卡片中多数已列出。专用设备、专用工具等在企业中均有自己的统一编号。

升降台外形示意图如图 3-3-1 所示。

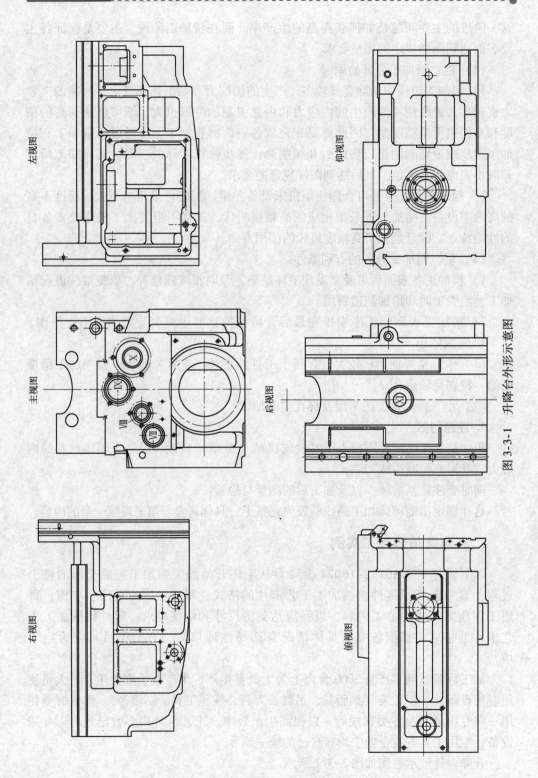

左视图

仰视图

主视图

后视图

右视图

俯视图

图 3-3-1　升降台外形示意图

机械加工过程卡片		产品型号	XA6132	零件图号	16021	零件名称	升降台	第 1 页	
材　料	毛坯种类	毛坯外形尺寸/mm		每件毛坯制造数	1	每台件数	1	共 50 页	
HT250	铸件	834×491×652							
序号	工序内容		工段	设备		夹具名称及编号	刀、量、辅具名称及编号	单件工时	准终工时
Ⅰ	铸成（清砂、退火）		铸工						
Ⅱ	机械加工								
1	铣底面								
2	铣上面、左右侧面及压板面								
3	铣 A_1、B_1、C_1 面								
	鼓轮箱面及压板面空刀槽								
	时效								
4	半精刨 A_1、B_1、C_1 面								
5	铣 U_1 面、盖板面、电气平面								
6	粗铣立导轨 D_1、F_1 面								
	时效								
7	半精刨 D_1、F_1 面及 16H9 槽								
				编制（日期）		审核（日期）			
标记	处数	更改文件号	签字（日期）	标记	处数	更改文件号	签字（日期）		

199

机械加工过程卡片		产品型号	XA6132	零件图号	16021	零件名称	升降台	第 2 页
								共 50 页
材 料	毛坯种类	毛坯外形尺寸/mm		每件毛坯制造数		每台件数		
HT250	铸件	834×491×652		1		1		

序号	工序内容	工段	设备	夹具名称及编号	刀、量、辅具名称及编号	工时 单件	工时 准终
		铸工					
8	铣盖板面、端面						
9	组合机粗镗孔						
	时效						
10	组合机精镗孔						
11	镗 φ30H9、φ20H9 孔						
12	镗孔、铣精、切弹簧槽						
13	钻孔、攻螺纹						
14	精铣前面						
15	钳工修整、交库						
				编制（日期）	审核（日期）		
标记	处数	更改文件号	签字（日期）	标记	处数	更改文件号	签字（日期）

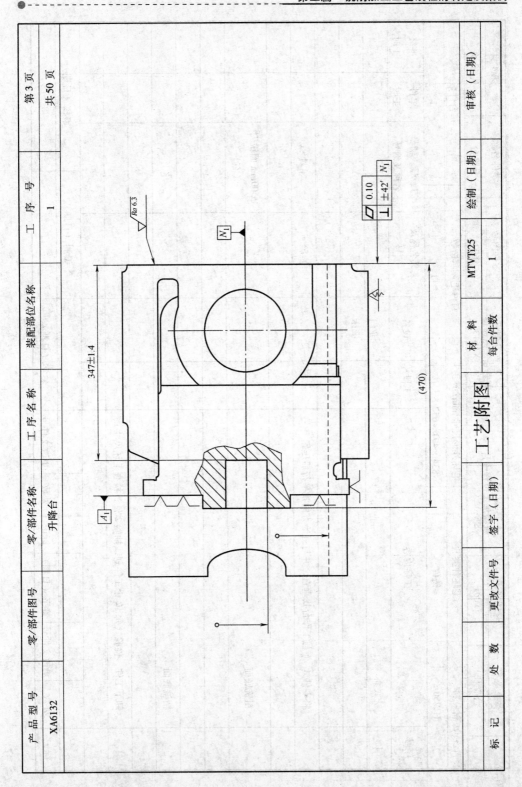

产品型号	零部件图号	零/部件名称	工序名称	装配部位名称	工序号		第 3 页
XA6132		升降台			1		共 50 页

工 艺 附 图		材　料	MTVT25	绘制（日期）	审核（日期）
	签字（日期）	每台件数	1		
标记	处数	更改文件号			

347±1.4　　(470)

$\sqrt{Ra\,6.3}$

N_1　A_1

⌿	0.10	N_1
⊥	±42′	

机械加工过程卡片		产品型号	XA6132	零件图号	16021	零件名称	升降台	第 4 页 共 50 页
材料 HT250	毛坯种类 铸件	毛坯外形尺寸/mm 834×491×652		每件毛坯制造数 1		每台件数 1		
序号	工序内容	工段	设备	夹具名称及编号	刀、量、辅具名称及编号	单件工时	准终工时	
1	铣底面		龙门铣床	铣胎	φ500mm面铣刀（右）			
	将零件 A₁ 面与工作台找垂直，并与进给方向找平行后压紧				吊具			
	粗铣底面							
	精铣底面							
	卸下工件，检验（每12个工件划线抽验2件，检查毛坯尺寸）							
标记 处数 更改文件号 签字（日期）			标记 处数 更改文件号 签字（日期）		编制（日期）		审核（日期）	

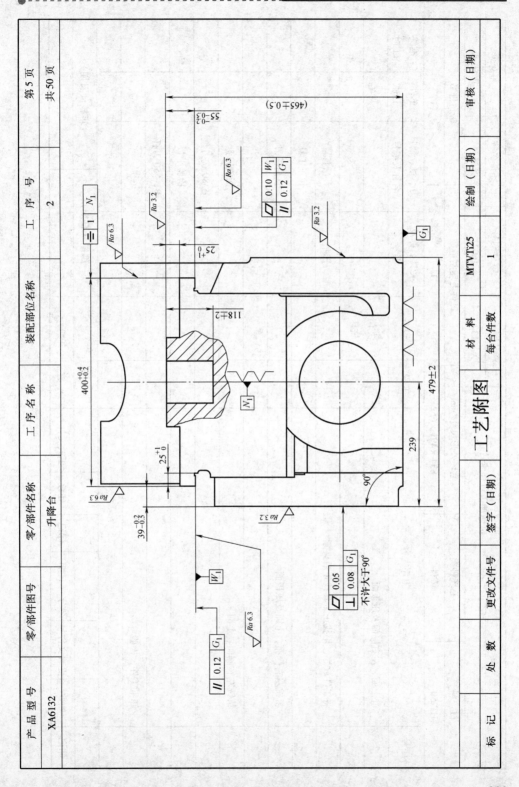

机械加工过程卡片		产品型号	XA6132	零件图号	16021	零件名称	升降台	第 6 页
								共 50 页
材 料	毛坯种类	毛坯外形尺寸/mm		每件毛坯制造数	1	每台件数	1	
HT250	铸件	834×491×652						
序号	工序内容		工段	设备	夹具名称及编号	刀、量、辅具名称及编号	单件工时	准终工时
2	铣上面、左右侧面及压板面							
	将工件放好，用找正工具找正后夹紧			龙门铣床	铣胎	吊具		
						找正工具		
	粗铣左右侧面、上面及压板面					直角铣刀		
	精铣左右侧面、上面					面铣刀盘		
						φ380 铣刀盘		
						检验平板		
	卸下工件、检验					B1—50 刀杆		
					编制（日期）	审核（日期）		
标记	处数	更改文件号	签字（日期）					
标记	处数	更改文件号	签字（日期）					

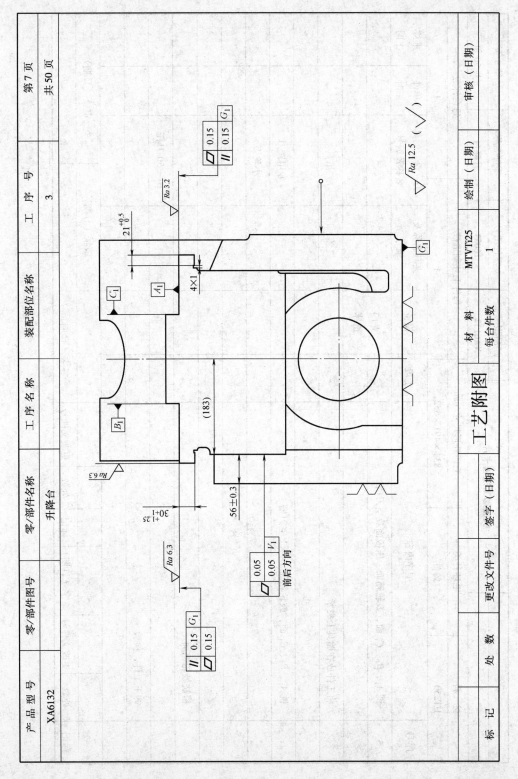

机械加工过程卡片		产品型号	XA6132	零件图号	16021	零件名称	升降台	第 8 页 共 50 页
材料 HT250	毛坯种类 铸件	毛坯外形尺寸/mm 834×491×652		每件毛坯制造数 1		每台件数 1		

序号	工序内容	工段	设备	夹具名称及编号	刀、量、辅具名称及编号	单件工时	准终工时
3	铣 A_1、B_1、C_1 面，鼓轮箱面，压板面及空刀槽		龙门铣床	铣胎	吊具		
	将工件放在胎具上夹紧						
	铣 A_1、B_1、C_1 面，鼓轮箱面，4×1 空刀槽				专用铣刀		
	精铣鼓轮箱面				小轮刀		
	卸下工件，检验				B1—50 刀杆		

				编制（日期）	审核（日期）
标记	处数	更改文件号	签字（日期）	标记	处数	更改文件号	签字（日期）

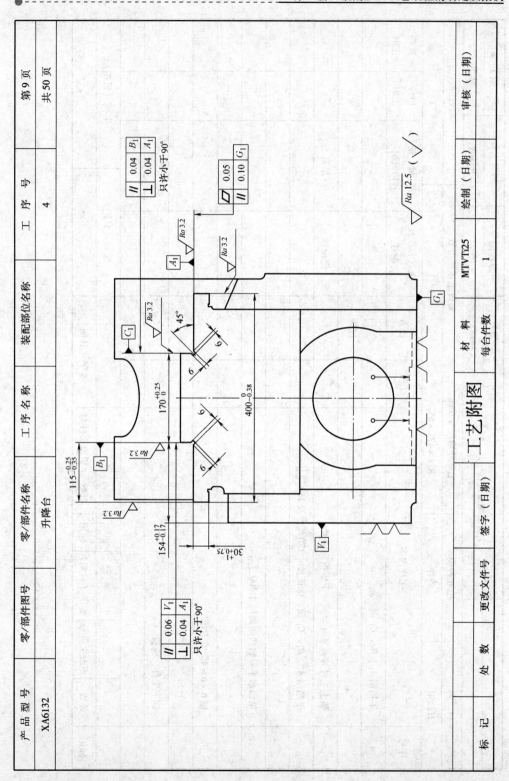

产品型号	零/部件图号	零/部件名称	工序名称	装配部位名称	工序号	
XA6132		升降台			4	第 9 页
						共 50 页

	材料		MTVT25	绘制（日期）	审核（日期）
工艺附图	每台件数		1		

标记	处数	更改文件号	签字（日期）		

机械加工过程卡片		产品型号	XA6132	零件图号	16021	零件名称	升降台	第 10 页	共 50 页
材料	毛坯种类	毛坯外形尺寸/mm		每件毛坯制造数		每台件数		单件工时	准终工时
HT250	铸件	834×491×652		1		1			

序号	工序内容	工段	设备	夹具名称及编号	刀、量、辅具名称及编号	单件工时	准终工时
4	半精刨 A_1、B_1、C_1 面		龙门刨床				
	装上工件并夹紧（兼顾一下压板面精度）			定位铁	吊具		
	半精刨 A_1、B_1、C_1 面，保证尺寸 $170^{+0.25}_{0}$ 及 $154^{+0.17}_{-0.17}$						
	精刨水平导轨两侧面尺寸 $400^{0}_{-0.38}$						
	刨 6×6×45°空刀槽						
	卸下工件、检验						
					编制（日期）	审核（日期）	
标记	处数	更改文件号	签字（日期）	标记	处数	更改文件号	签字（日期）

产 品 型 号	零 部 件 图 号	零 部 件 名 称	装 配 部 位 名 称	工 序 号	第 11 页
XA6132		升降台		5	共 50 页

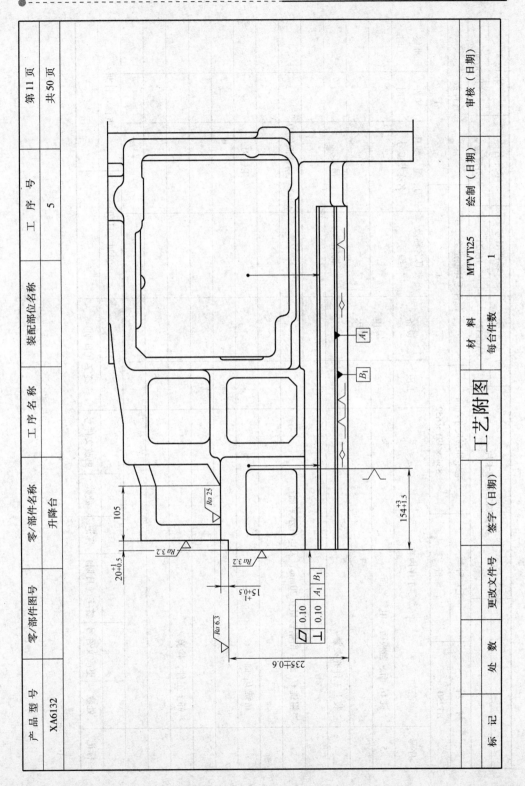

工 艺 附 图

材　料	MTVTt25	绘制（日期）	审核（日期）
每台件数	1		

标 记	处 数	更改文件号	签字（日期）		

机械加工过程卡片		产品型号	XA6132	零件图号	16021	零件名称	升降台	第 12 页 共 50 页
材料	HT250	毛坯种类	铸件	毛坯外形尺寸/mm	834×491×652	每件毛坯制造数	1	每台件数 1

序号	工序内容	工段	设备	夹具名称及编号	刀、量、辅具名称及编号	单件工时	准终工时
5	铣 U_1 面、盖板面、电气平面		专用铣床	铣胎			
	装上工件并夹紧				吊具		
	粗铣 U_1 面（留精铣量 0.20mm）及电气小平面				φ300 粗精铣面铣刀		
	精铣 U_1 面				专用铣刀		
	卸下工件，检验						

				编制（日期）		审核（日期）	
标记	处数	更改文件号	签字（日期）	标记	处数	更改文件号	签字（日期）

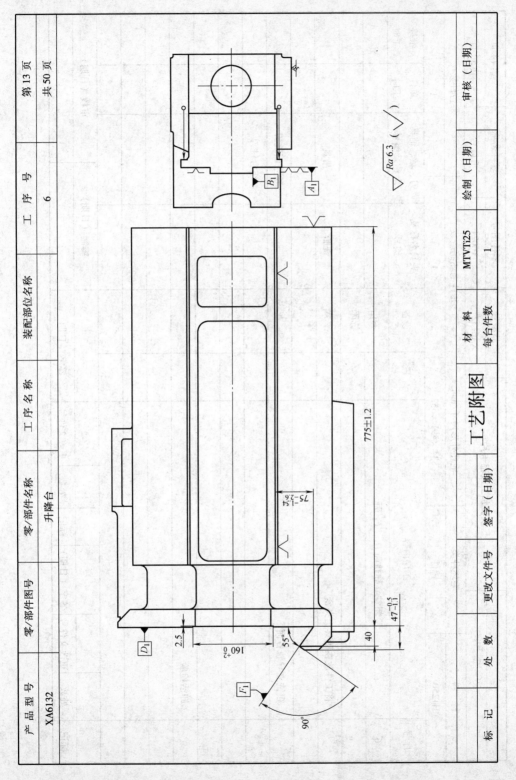

产品型号	零/部件图号	工序名称	装配部位名称	工序号	第 13 页
XA6132		升降台		6	共 50 页

工艺附图

材　料	MTVTt25	绘制（日期）	审核（日期）
每台件数	1		

标记	处数	更改文件号	签字（日期）		

		机械加工过程卡片		产品型号	XA6132	零件图号	16021	零件名称	升降台	第 14 页	
										共 50 页	
材 料	毛坯种类	毛坯外形尺寸/mm			每件毛坯制造数		每台件数				
HT250	铸件	834×491×652			1		1				
序号	工序内容		工段	设备	夹具名称及编号		刀、量、辅具名称及编号		单件工时	准终工时	
6	粗铣立导轨面 D_1、F_1 面			专用铣床							
	将工件放在胎具上夹紧				铣胎						
	粗铣立导轨各面				吊具		铣空面铣刀				
							组合铣刀				
	卸活检验										
						编制（日期）		审核（日期）			
标记	处数	更改文件号	签字（日期）	标记	处数	更改文件号	签字（日期）				

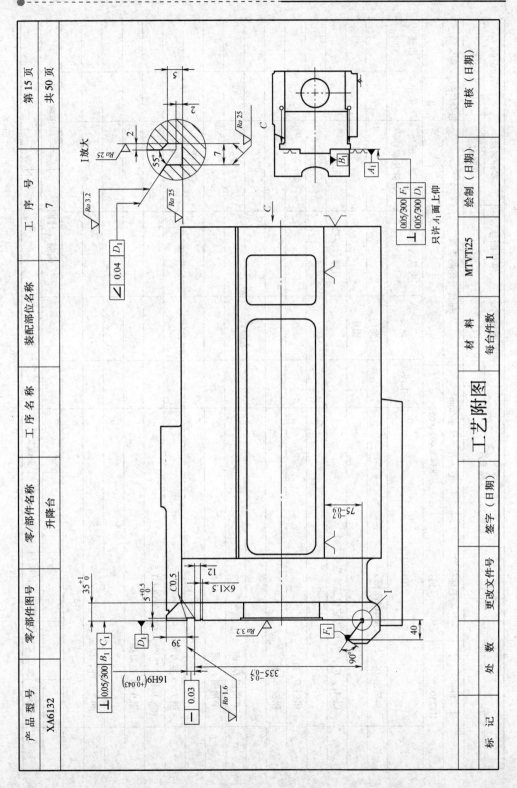

机械加工过程卡片		产品型号	XA6132	零件图号	16021	零件名称	升降台	第 16 页 共 50 页
材料	HT250	毛坯种类	铸件	毛坯外形尺寸/mm	834×491×652	每件毛坯制造数	1	每台件数 1

序号	工序内容	工段	设备	夹具名称及编号	刀、量、辅具名称及编号	单件工时	准终工时
7	半精刨 D_1、F_1 面及 16H9 槽		龙门刨床	升降台刨胎			
	以 A_1，B_1，U_1 面为定位基准装夹工件				吊具		
	粗刨 D_1 面						
	粗刨 F_1 面						
	半精刨 D_1 面						
	半精刨 F_1 面						
	刨 7×5 空刀槽						
	刨 16H9($^{+0.043}_{0}$) 槽，倒角 C0.5				刨刀杆		
	刨 6×1 空刀槽						
	卸下工件，检验						

			编制（日期）		审核（日期）
标记	处数	更改文件号	签字（日期）		
标记	处数	更改文件号	签字（日期）		

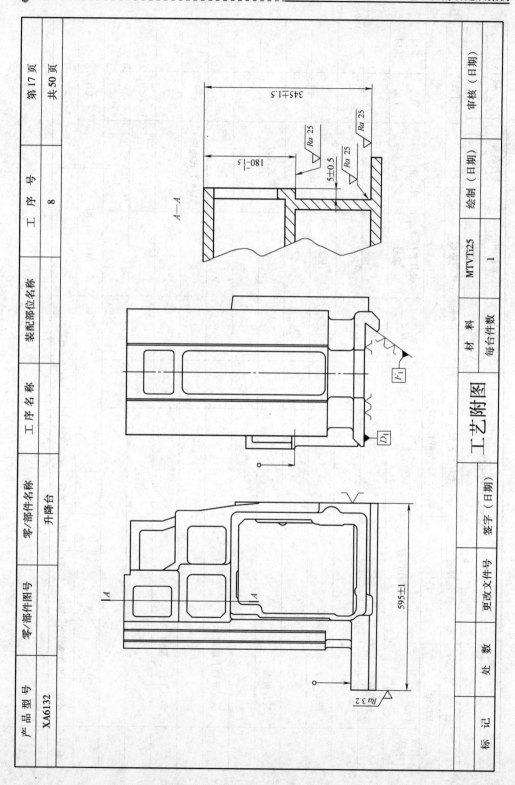

机械加工过程卡片		产品型号	XA6132	零件图号	16021	零件名称	升降台	第 18 页
材料	毛坯种类	毛坯外形尺寸/mm		每件毛坯制造数		每台件数		共 50 页
HT250	铸件	834×491×652		1		1		

序号	工序内容	工段	设备	夹具名称及编号	刀、量、辅具名称及编号	单件工时	准终工时
8	铣盖板面、端面		专用铣床	铣胎	吊具		
	按 D_1、F_1 面定位夹紧						
	铣盖板面				套式铣刀		
	铣立导轨上端面				$\phi138$ 套式面铣刀		
	卸下工件、检验						

					编制（日期）	审核（日期）
标记	处数	更改文件号	签字（日期）	标记	处数	更改文件号	签字（日期）

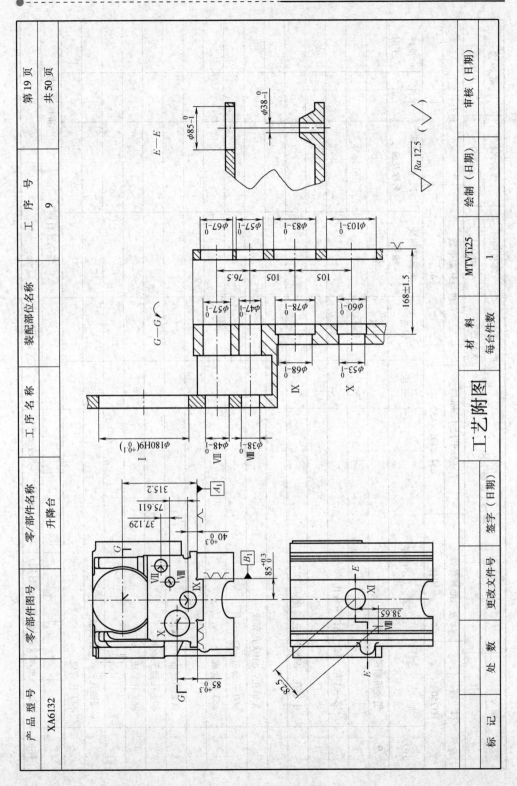

机械加工过程卡片		产品型号	XA6132	零件图号	16021	零件名称	升降台	第 20 页　共 50 页	
材料	毛坯种类		毛坯外形尺寸/mm		每件毛坯制造数		每台件数		
HT250	铸件		834×491×652		1		1		

序号	工序内容	工段	设备	夹具名称及编号	刀、量、辅具名称及编号	准终工时	单件工时
9	组合机粗镗孔		组合机床	镗胎	吊具		
	第一工位、镗、钻以下各孔						
	I 轴孔：φ180H9 孔镗至 φ179.7						
	X 轴孔：φ103 孔套成						
	φ60 孔套至 φ53						
	φ53 孔套成						
	IX 轴孔：φ83 孔套成						
	φ78 孔套至 φ68						
	φ68 孔套成						
	VIII 轴孔：φ57 孔套成						
	φ47 孔套成						

					编制（日期）	审核（日期）
标记	处数	更改文件号	签字（日期）			

机械加工过程卡片		产品型号	XA6132	零件图号	16021	零件名称	升降台	第 21 页 共 50 页
材　料	HT250	毛坯种类	铸件	毛坯外形尺寸/mm	834×491×652	每件毛坯制造数	1	每台件数	1

序号	工序内容	工段	设备	夹具名称及编号	刀、量、辅具名称及编号	准终工时	单件工时
	VIII轴孔：φ67孔套成						
	φ57孔套成						
	XI轴孔：φ85孔套成						
	第二工位：工作台回转180°，将第一工位回转到第二工位（在第一工位上重新装夹工件，重复上述加工）						
	I轴孔：铰 $\phi180H9^{+0.10}_{0}$ 孔成						
	X轴孔：扩 φ60 孔，保持尺寸 168±1.5						
	IX轴孔：扩 φ78 孔，保持尺寸 168±1.5						
	VIII轴孔：钻 φ38 孔						
	VII轴孔：钻 φ48 孔						
	XI轴孔：钻 φ18 孔						
	卸下工件，检验						

					编制（日期）	审核（日期）
标记	处数	更改文件号	签字（日期）			
标记	处数	更改文件号	签字（日期）			

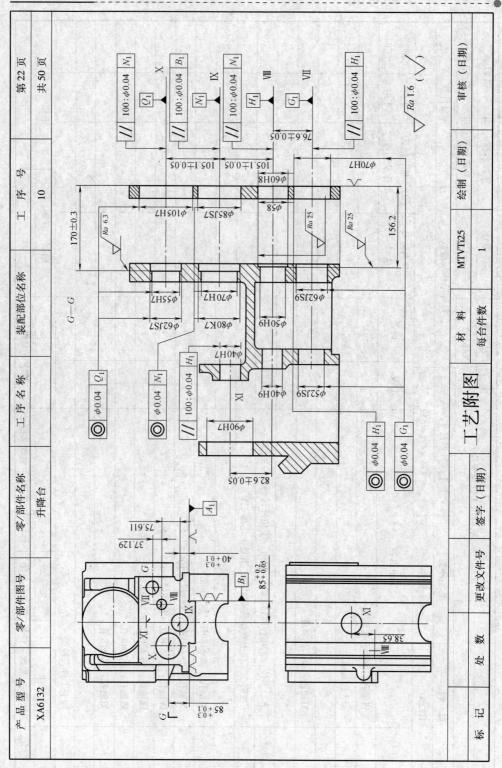

产 品 型 号	零 部 件 图 号	零 部 件 名 称	工 序 名 称	装配部位名称	工 序 号	第 22 页
XA6132		升降台			10	共 50 页

| 标 记 | 处 数 | 更改文件号 | 签字（日期） | | 材 料 | | MTVT125 | | 绘制（日期） | 审核（日期） |
| | | | | | 每台件数 | 1 | | | |

工 艺 附 图

机械加工过程卡片		产品型号	XA6132	零件图号	16021	零件名称	升降台	第 23 页
								共 50 页
材料	毛坯种类	毛坯外形尺寸/mm		每件毛坯制造数	1	每台件数	1	
HT250	铸件	834×491×652						

序号	工序内容	工段	设备	夹具名称及编号		刀、量、辅具名称及编号		工时	
				名称	编号			准终	单件
10	组合机精镗孔 1）手动机床及冷却泵，检查机床运转及切削液流通情况是否正常，各润滑部位清理干净后上润滑油 2）装上工件并夹紧。将胎定位面及工件基准面清理干净，装上工件，使定位接触良好后夹紧 3）加工注意事项： ①注意控制进给速度，如有变化及时调整，控制切削量。刀杆进入镗套前要清理干净后上润滑油 ②精镗孔时要随时注意切削液的流通情况，如有堵塞应及时采取措施 ③注意检查刀具，磨损后精度低的刀具应及时更换 ④注意控制镗套与镗杆间隙在 0.04～0.05mm，间隙不合理应及时换套		组合机床	镗胎		吊具 刀具			

				编制（日期）	审核（日期）
标记	处数	更改文件号	签字（日期）		
标记	处数	更改文件号	签字（日期）		

机械加工过程卡片		产品型号	XA6132	零件图号	16021	零件名称	升降台	第 24 页
								共 50 页
材料	毛坯种类	毛坯外形尺寸/mm		每件毛坯制造数		每台件数		
HT250	铸件	834×491×652		1		1		
序号	工序内容	工段	设备	夹具名称及编号	刀、量、辅具名称及编号	单件工时	准终工时
	4）加工：						
	第一工位，镗各轴孔：						
	X轴孔：φ105H7 孔镗至 φ104.7						
	φ62JS7 孔镗至 φ61.7，保证尺寸 170+0.30						
	φ55H7 孔镗至 φ54.7						
	IX轴孔：φ85JS7 孔镗至 φ84.7						
	φ80K7 镗至 φ79.7，保证尺寸 170+0.30						
	φ70H7 孔镗至 φ69.7						
	VII轴孔：φ60H8 孔镗至 φ59.75，划 φ58 端面尺寸 156.2						
	φ50H9 孔镗至 φ49.75						
	φ40 孔镗至 φ39.75						
	VIII轴孔：φ70 孔镗至 φ69.75						
	φ62JS7 孔镗至 φ61.75						
				编制（日期）	审核（日期）		
标记	处数	更改文件号	签字（日期）	标记	处数	更改文件号	签字（日期）

222

机械加工过程卡片

	产品型号	XA6132	零件图号	16021	零件名称	升降台	第 25 页
							共 50 页

材料	毛坯种类	毛坯外形尺寸/mm	每件毛坯制造数	每台件数
HT250	铸件	834×491×652	1	1

序号	工序内容	工段	设备	夹具名称及编号	刀、量、辅具名称及编号	单件工时	准终工时
	$\phi52JS7$ 孔镗至 $\phi51.7$						
	XI轴孔：$\phi90H7$ 孔镗至 $\phi89.7$						
	$\phi40H7$ 孔镗至 $\phi39.75$						
	第二工位，工作台旋转180°，精铰各轴孔						
	X轴孔：精铰 $\phi105H7$ ($^{+0.035}_{0}$) 孔						
	精铰 $\phi62JS7$ (±0.015) 孔						
	精铰 $\phi55H7$ ($^{+0.03}_{0}$) 孔						
	IX轴孔：精铰 $\phi85JS7$ (±0.017) 孔						
	精铰 $\phi80K7$ ($^{+0.009}_{-0.021}$) 孔						
	精铰 $\phi70H7$ ($^{+0.03}_{0}$) 孔						

				编制（日期）		审核（日期）	
标记	处数	更改文件号	签字（日期）	标记	处数	更改文件号	签字（日期）

		机械加工过程卡片		产品型号	XA6132	零件图号	16021	零件名称	升降台	第 26 页	
										共 50 页	

材料	毛坯种类	毛坯外形尺寸/mm			每件毛坯制造数		每台件数				
HT250	铸件	834×491×652			1		1				

序号	工序内容	工段	设备	夹具名称及编号	刀、量、辅具名称及编号	单件工时	准终工时
	XI轴孔：精铰 $\phi90H7$（$^{+0.035}_{0}$）孔						
	精铰 $\phi40H7$（$^{+0.025}_{0}$）孔			检具	检验轴		
	注：保证Ⅷ‑XI孔距 82.5 $^{+0.04}_{+0.06}$						
	Ⅷ轴孔：精铰 $\phi60H8$（$^{+0.046}_{0}$）孔				校对环规		
	精铰 $\phi50H9$（$^{+0.062}_{0}$）孔			检具			
	精铰 $\phi40H9$（$^{+0.062}_{0}$）孔						
	XII轴孔：精铰 $\phi70H7$（$^{+0.03}_{0}$）孔						
	精铰 $\phi62JS7$（±0.015）孔						
	精铰 $\phi50JS7$（±0.015）孔						
	卸下工件，检验						
	检查校对游标卡尺精度，将测量孔清理干净后上检测套，检验						
	轴进行测量。技术条件：各轴承孔的圆度，圆柱度公差为孔						
	径公差的 1/2						

				编制（日期）		审核（日期）	
标记	处数	更改文件号	签字（日期）	标记	处数	更改文件号	签字（日期）

224

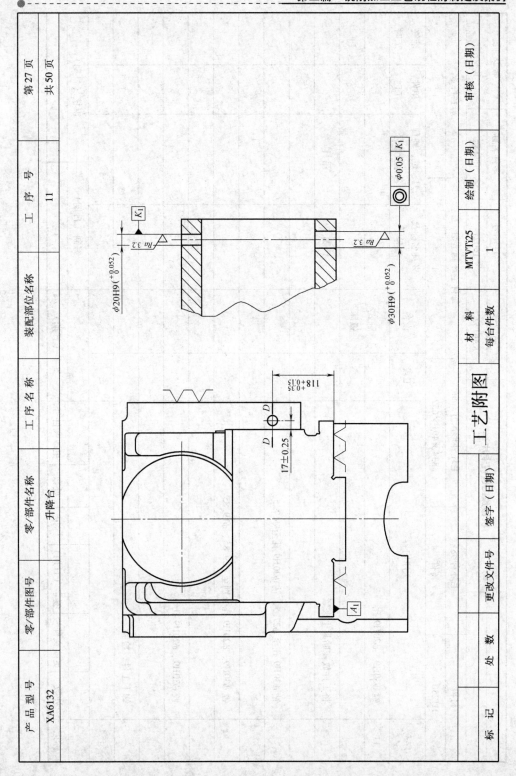

产品型号	零部件图号	零部件名称	工序名称	装配部位名称	工序号	第 27 页
XA6132		升降台			11	共 50 页

			材 料		绘制（日期）	审核（日期）
			MTVT25			
		工艺附图	每台件数			
			1			

标 记	处 数	更改文件号	签字（日期）			

225

机械加工过程卡片

		产品型号	零件图号	零件名称	第 28 页
		XA6132	16021	升降台	共 50 页
材料	毛坯种类	毛坯外形尺寸/mm	每件毛坯制造数	每台件数	
HT250	铸件	834×491×652	1	1	

序号	工序内容	工段	设备	夹具名称及编号	刀、量、辅具名称及编号	单件工时	准终工时
11	镗 φ30H9、φ20H9 孔		卧式镗床	镗胎	吊具		
	将工件放在胎具上夹紧						
	钻 φ30H9 孔至 φ27.5，钻 φ20H9 孔至 φ17.5						
	镗 φ30H9、φ20H9 孔分别至 φ29.85、φ19.85						
	铰 φ30H9、φ20H9 孔						
	卸下工件，检验						
标记	处数	更改文件号	签字（日期）		编制（日期）	审核（日期）	
标记	处数	更改文件号	签字（日期）				

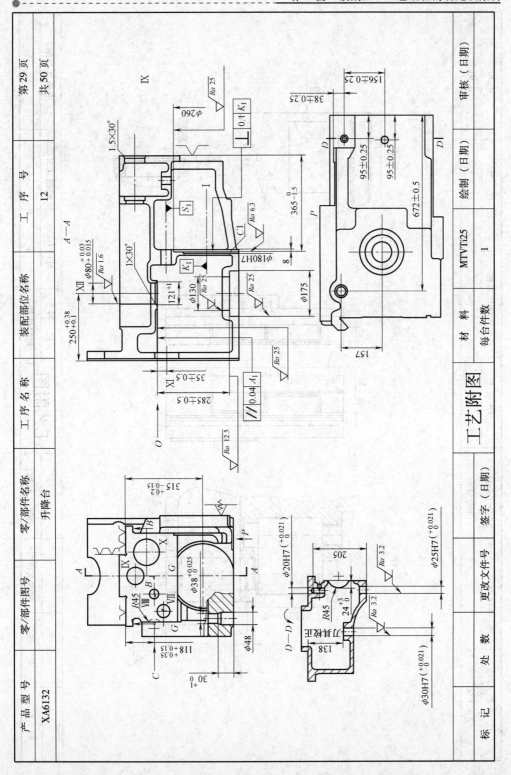

产品型号	零部件图号	零部件名称	工序名称	装配部位名称	工序号	第29页
XA6132		升降台			12	共50页

标记	处数	更改文件号	签字（日期）		绘制（日期）	审核（日期）
					MTVT125	
				材料		
				每台件数	1	

工艺附图

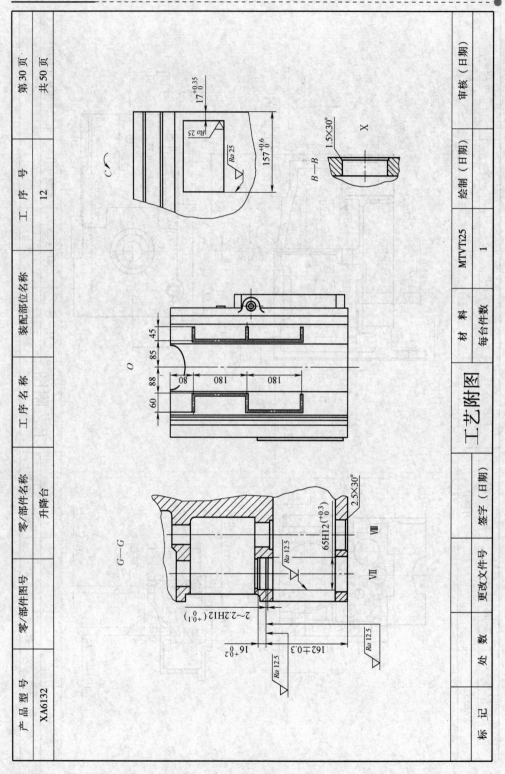

机械加工过程卡片		产品型号	XA6132	零件图号	16021	零件名称	升降台	第 31 页
								共 50 页
材料	毛坯种类	毛坯外形尺寸/mm		每件毛坯制造数		每台件数		
HT250	铸件	834×491×652		1		1		

序号	工序内容	工段	设备	夹具名称及编号	刀、量、辅具名称及编号	准终工时	单件工时
12	镗孔、铣槽、切弹簧槽		卧式镗床	镗胎	吊具		
	1）上活夹紧						
	2）使主轴对准 φ30H7（$^{+0.021}_{0}$）孔中心（D—D剖视图）						
	钻 φ30H7（$^{+0.021}_{0}$）孔至 φ28						
	镗 φ30H7（$^{+0.021}_{0}$）孔至 φ29.6						
	粗铰 φ30H7（$^{+0.021}_{0}$）孔至 φ29.85						
	精铰 φ30H7（$^{+0.021}_{0}$）孔						
	校正 138 尺寸，镗 φ30H7 孔毛坯端面						
	3）使主轴孔对准 φ25H7（$^{+0.021}_{0}$）孔中心						
	钻 φ25H7（$^{+0.021}_{0}$）孔至 φ23.5						
	镗 φ25H7（$^{+0.021}_{0}$）孔至 φ24.85						
	镗 φ20H7（$^{+0.021}_{0}$）孔端面						
	钻 φ20H7（$^{+0.021}_{0}$）孔至 φ19.5						
	铰 φ25H7（$^{+0.021}_{0}$）、φ20H7（$^{+0.021}_{0}$）孔						

标记	处数	更改文件号	签字（日期）	标记	处数	更改文件号	签字（日期）	编制（日期）	审核（日期）

229

机械加工过程卡片		产品型号	XA6132	零件图号	16021	零件名称	升降台	第32页 共50页
材料	毛坯种类	毛坯外形尺寸/mm		每件毛坯制造数		每台件数	1	
HT250	铸件	834×491×652		1				

序号	工序内容	工段	设备	夹具名称及编号	刀、量、辅具名称及编号	准终工时	单件工时
	4）加工XII轴轴孔，使主轴对准XII轴轴孔中心（A—A剖视图）						
	镗 φ130 孔						
	车 φ80$^{+0.03}_{+0.015}$ 孔至 φ75				组合刀具		
	镗 φ80$^{+0.03}_{+0.015}$ 孔至 φ79.5						
	铰 φ80$^{+0.03}_{+0.015}$ 孔						
	镗 φ80$^{+0.03}_{+0.015}$ 端面（允许镗成 φ121）				端面镗刀、检具		
	φ80$^{+0.03}_{+0.015}$ 孔倒角 1×30°						
	镗 φ175 孔成，保持尺寸 285±0.5						
	5）使主轴孔对准 φ48、φ38H7（$^{+0.025}_{0}$）液压泵孔中心						
	钻 φ48、φ38H7（$^{+0.025}_{0}$）孔至 φ36						
	镗 φ48、φ38H7（$^{+0.025}_{0}$）孔分别至 φ48、φ37.85						
	铰 φ38H7（$^{+0.025}_{0}$）孔						
	6）工作台回转 90°						
	铣后面油槽成						

						编制（日期）	审核（日期）
标记	处数	更改文件号	签字（日期）	标记	处数	更改文件号	签字（日期）

机械加工过程卡片

		产品型号	XA6132	零件图号	16021	零件名称	升降台	第 33 页
								共 50 页

材料	毛坯种类	毛坯外形尺寸/mm		每件毛坯制造数		每台件数		
HT250	铸件	834×491×652		1		1		

序号	工序内容	工段	设备	夹具名称及编号	刀、量、辅具名称及编号	单件工时	准终工时
	刀具修正Ⅺ轴 φ40H7 孔端面距Ⅻ轴中心尺寸为 110						
	7) 工件回转 180°，用人套法使主轴孔对准Ⅷ轴中心						
	镗弹簧槽						
	Ⅷ轴孔倒角 2.5×30°						
	X轴孔倒角 1.5×30°						
	Ⅸ轴孔倒角 C1.5						
	镗Ⅰ轴孔 φ260 端面成，保持至前面尺寸 $365_{-1.5}^{0}$						
	φ180H9 孔倒角 C1						
	铣鼓轮箱面槽成（C 向视图）						
	8) 卸下工件，检验。打标识：在水平导轨 A1 的左侧面用 10 号字						
	打标识						

					编制（日期）	审核（日期）
标记	处数	更改文件号	签字（日期）	标记	处数	更改文件号	签字（日期）

231

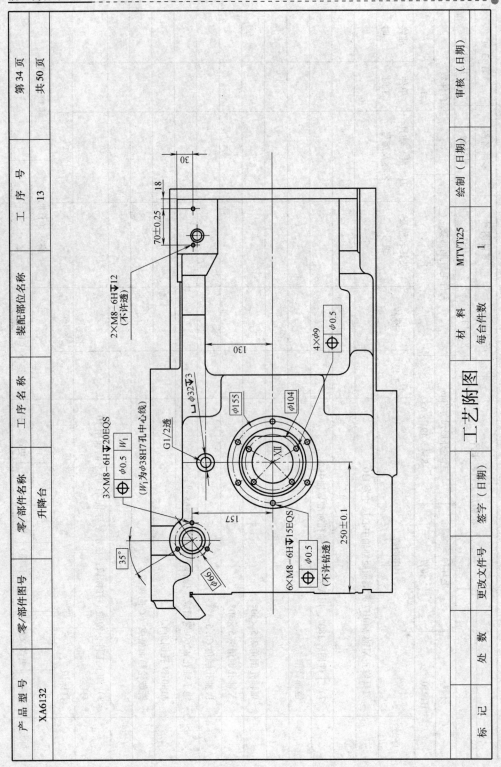

产品型号	零/部件名称	工序名称	装配部位名称	工序号	第34页
	零/部件图号				共50页
XA6132	升降台			13	

		材　料	MTVT25	绘制（日期）	审核（日期）
工艺附图		每台件数	1		

标记	处数	更改文件号	签字	签字（日期）	

工艺附图

机械加工过程卡片		产品型号	XA6132	零件图号	16021	零件名称	升降台	第 35 页 共 50 页

材料	毛坯种类	毛坯外形尺寸/mm	每件毛坯制造数	每台件数
HT250	铸件	834×491×652	1	1

序号	工序内容	工段	设备	夹具名称及编号	刀、量、辅具名称及编号	准终工时	单件工时
13	钻孔、攻螺纹						
	技术要求：钻孔深度允差+2；螺孔深度允差+3						
	1) 钻底面孔		摇臂钻床 Z35	钻模	钻头		
	钻 3×M8-6H 螺纹底孔至孔 φ6.8 深 25						
	钻 2×M8-6H 螺纹底孔至孔 φ6.8 深 15						
	钻 6×M8-6H 螺纹底孔至孔 φ6.8 深 20						
	钻 G1/2 螺纹底孔至 φ19 透						
	划 φ32 端面深 3						
	钻 4×φ9 孔透						
	各孔口倒角						
	攻 3×M8-6H 螺纹深 20，2×M8-6H 螺纹深 15，6×M8-6H 螺纹深 12				丝锥		
	螺纹深 15				螺纹塞规		
	攻 G1/2 螺纹透				丝锥 G1/2		

标记	处数	更改文件号	签字（日期）	标记	处数	更改文件号	签字（日期）	编制（日期）	审核（日期）

233

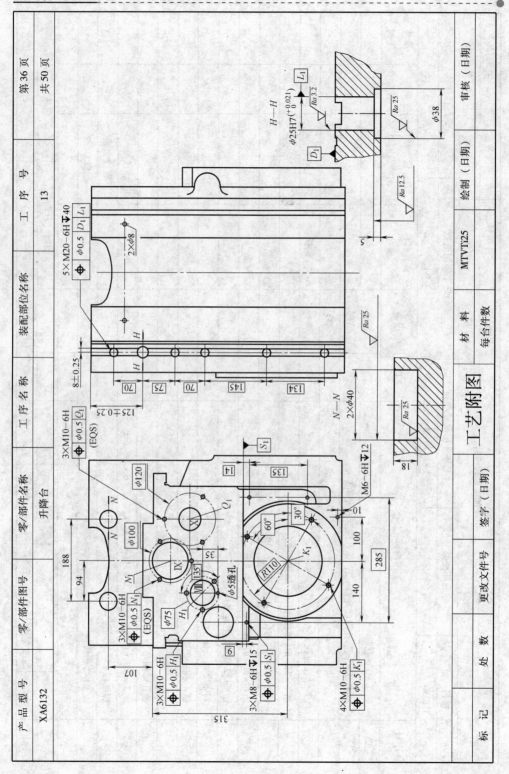

工艺附图

产品型号	零部件图号	零部件名称	工序名称	装配部位名称	工序号	第 36 页
XA6132		升降台			13	共 50 页

		MTVT125			绘制（日期）	审核（日期）
标记	处数	更改文件号	签字（日期）	材料 每台件数		

	机械加工过程卡片		产品型号	XA6132	零件图号	16021	零件名称	升降台	第 37 页
									共 50 页
材料	毛坯种类	毛坯外形尺寸/mm			每件毛坯制造数		每台件数		
HT250	铸件	834×491×652			1		1		
序号	工序内容	工段	设备	夹具名称及编号	刀、量、辅具名称及编号		单件工时	准终工时	
	2）钻前面孔								
	钻 9×M10-6H 螺纹底孔至 φ8.58			钻模	钻头				
	钻 φ5 孔透								
	钻 3×M8-6H 螺纹底孔至 φ6.8 深 20								
	钻 M6-6H 螺纹底孔至 φ5 深 15								
	钻 4×M10-6H 螺纹底孔至 φ8.5 透								
	各孔倒角								
	攻 4×M10-6H 螺纹透				丝锥				
	攻 M6-6H 螺纹深 12								
	攻 3×M8-6H 螺纹深 15								
	攻 9×M10-6H 螺纹透				螺纹塞规				
						编制（日期）	审核（日期）		
标记	处数	更改文件号	签字（日期）	标记	处数	更改文件号	签字（日期）		

机械加工过程卡片

产品型号	XA6132	零件图号	16021	零件名称	升降台	第 38 页
						共 50 页

材料	毛坯种类	毛坯外形尺寸/mm	每件毛坯制造数	每台件数	
HT250	铸件	834×491×652	1	1	

序号	工序内容	工段	设备	夹具名称及编号	刀、量、辅具名称及编号	准终工时	单件工时
	划 2×φ40 孔深 18			钻模	吊具		
3)	钻后面孔						
	钻 5×M20-6H 螺纹底孔至 17.5 深 45，下面一个不许透				钻头		
	钻 φ25H7 孔至 φ25.4 透						
	钻 2×φ8 油孔深 40				丝锥		
	粗铰 φ25H7 孔				螺纹塞规		
	精铰 φ25H7（$^{+0.021}_{0}$）孔				锥柄铰刀		
	反划 φ25H7 孔 φ38 端面深 5			划刀杆	塞规		
					划刀片		

			编制（日期）	审核（日期）
标记	处数	更改文件号	签字（日期）	标记	处数	更改文件号	签字（日期）

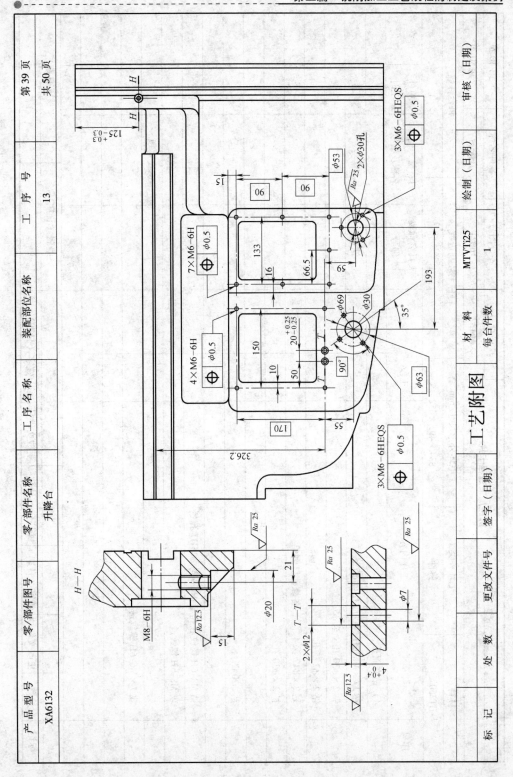

机械加工过程卡片

产品型号	XA6132	零件图号	16021	零件名称	升降台	第 40 页 共 50 页

材料	毛坯种类	毛坯外形尺寸/mm	每件毛坯制造数	每台件数
HT250	铸件	834×491×652	1	1

序号	工序内容	工段	设备	夹具名称及编号	刀、量、辅具名称及编号	单件工时	准终工时
	4）钻右面孔						
	钻 17×M6-6H 螺纹底孔至 φ5 透			钻模	钻头		
	钻 2×φ30 孔位至 φ5						
	钻 2×φ7 透孔						
	划 2×φ12 深 $4^{+0.4}_{0}$，各螺孔口倒角						
	扩 2×φ30 孔						
	钻 φ20 凹台						
	钻 M8-6H 螺纹底孔至 φ6. 8 与 φ25H7 孔透				丝锥		
	攻 M8-6H 螺纹透				螺纹塞规		
	攻 7×M6-6H 螺纹透						

					编制（日期）	审核（日期）
标记	处数	更改文件号	签字（日期）	标记	处数	更改文件号	签字（日期）

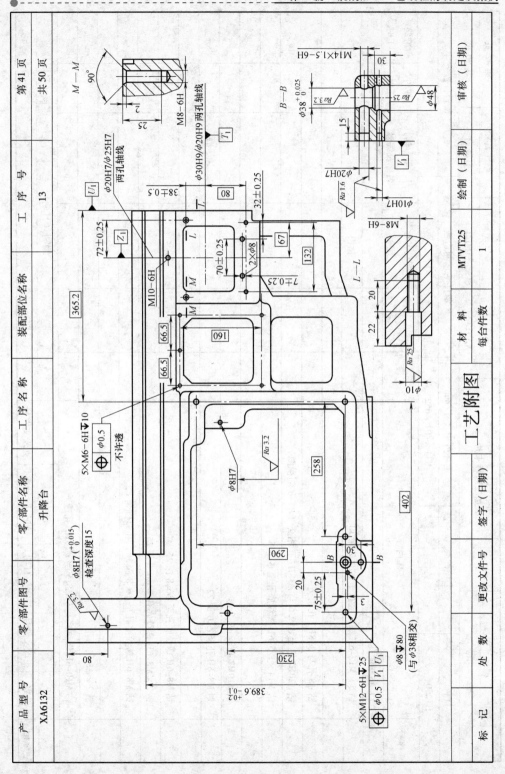

产品型号	零/部件图号	零/部件名称	装配部位名称	工　序　号	第 41 页
XA6132		升降台		工　序　名　称	13
					共 50 页

工艺附图

材　料		MTVT25	绘制（日期）	审核（日期）
每台件数		1		

标记	处　数	更改文件号	签字（日期）		

机械加工过程卡片		产品型号	XA6132	零件图号	16021	零件名称	升降台	第 42 页 共 50 页	
材料	毛坯种类	毛坯外形尺寸/mm		每件毛坯制造数	1		每台件数	1	
HT250	铸件	834×491×652							

序号	工序内容	工段	设备	夹具名称及编号	刀、量、辅具名称及编号	准终工时	单件工时
	5）钻左面孔			钻模	钻头		
	钻 5×M12-6H 螺纹底孔至 φ10.2 深 30						
	钻 φ8 孔与 φ38H7 孔相交						
	钻 φ20H7 孔至 φ19.5 与 φ38H7 孔相交（B—B 剖视图）						
	钻 M14×1.5-6H 螺纹底孔至 φ12.5						
	钻 φ10H7 孔至 φ9.8 透						
	划 M8-6H 孔至 φ10 深 22						
	钻 M8-6H 螺纹底孔至 φ6.8 深 25						
	钻 2×M8-6H 螺纹底孔至 φ6.8 深 25						
	钻 M8-6H 螺纹底孔至 φ6.8 深 30，孔口倒角 C2						
	钻 2×φ8 回油孔						
	钻 M10-6H 螺纹底孔至 φ8.5 与 φ20H7 孔透						

					编制（日期）		审核（日期）
标记	处数	更改文件号	签字（日期）	标记	处数	更改文件号	签字（日期）

机械加工过程卡片		产品型号	XA6132	零件图号	16021	零件名称	升降台	第 43 页 共 50 页		

材料	毛坯种类	毛坯外形尺寸/mm		每件毛坯制造数	每台件数		
HT250	铸件	834×491×652		1	1		

序号	工序内容	工段	设备	夹具名称及编号	刀、量、辅具名称及编号	单件工时	准终工时
	钻 5×M6-6H 螺纹底孔至 φ5 深 15			钻模	钻头		
	钻 φ8H7 孔至 φ7.8 与 XI 轴 φ40H7 孔透						
	钻立导轨侧面 φ8H7 孔至 φ7.8 透						
	各螺孔口倒角						
	攻 M10-6H 螺纹透				丝锥		
	攻 M8-6H 螺纹深 20，攻 M8-6H 螺纹深 25				螺纹塞规		
	攻 2×M8-6H 螺纹深 20						
	攻 5×M6-6H 螺纹深 10						
	攻 M14×1.5-6H 螺纹透						

					编制（日期）	审核（日期）
标记	处数	更改文件号	签字（日期）	标记 处数 更改文件号 签字（日期）		

机械加工过程卡片		产品型号	XA6132	零件图号	16021	零件名称	升降台	第 44 页 共 50 页	
材料	HT250	毛坯种类	铸件	毛坯外形尺寸/mm	834×491×652	每件毛坯制造数	1	每台件数	1
序号	工序内容	工段	设备	夹具名称及编号		刀、量、辅具名称及编号		准终工时	单件工时
	攻 5×M12-6H 螺纹深 25					丝锥			
	铰 φ8H7 孔与 XI 轴 φ40H7 孔透					螺纹塞规、塞规			
						直柄机用铰刀			
	铰 φ8H7 孔检查深度 15 铰至 20								
	铰 φ10H7 孔检查深度 15 铰至 20					锥柄铰刀			
	粗铰 φ20H7 孔深 20								
	精铰 φ20H7 孔，检查深度 15								
						编制（日期）		审核（日期）	
标记	处数	更改文件号	签字（日期）	标记	处数	更改文件号	签字（日期）		

242

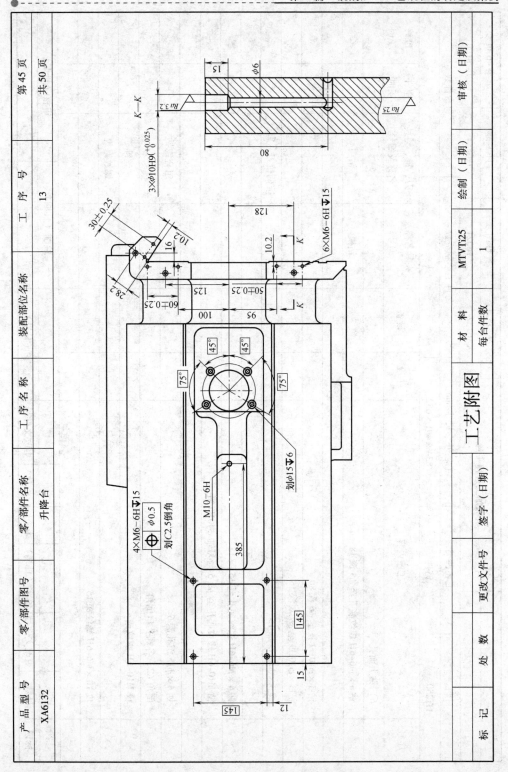

产 品 型 号	零/部件图号	零部件名称	工 序 名 称	装配部位名称	工 序 号	第 45 页
XA6132		升降台			13	共 50 页

MTVT25	绘制（日期）	审核（日期）
材 料		
每台件数		
1		

工艺附图		
标　记	处　数	更改文件号	签字（日期）

机械加工过程卡片		产品型号	XA6132	零件图号	16021	零件名称	升降台	第 46 页 共 50 页	
材料 HT250	毛坯种类 铸件	毛坯外形尺寸/mm 834×491×652		每件毛坯制造数 1		每台件数 1			
序号	工序内容		工段	设备	夹具名称及编号	刀、量、辅具名称及编号		单件 工时	准终 工时
	6）钻上面孔								
	钻 6×M6-6H 螺纹底孔至 φ5 深 18				钻模	钻头			
	钻 3×φ10H9 孔至 φ6 深 80								
	扩 3×φ10H9 至 φ9.8 深 15								
	铰 3×φ10H9 深 15					锥柄铰刀、塞规			
	钻 4×M6-6H 螺纹底孔至 φ5 深 18								
	钻 M10-6H 螺纹底孔至 φ8.5 与 XI 轴 φ40H7 孔透								
	划 4×φ15 沉孔深 6					组合锪钻			
	倒角 C2，各螺孔口倒角								
	攻 M10-6H 螺纹透					丝锥			
	攻 10×M6-6H 螺纹深 15					螺纹塞规			
						编制（日期）		审核（日期）	
标记	处数	更改文件号	签字（日期）		标记	处数	更改文件号	签字（日期）	

244

产品型号	零/部件图号	零/部件名称	工序名称	装配部位名称	工序号	第 47 页
XA6132		升降台			14	共 50 页

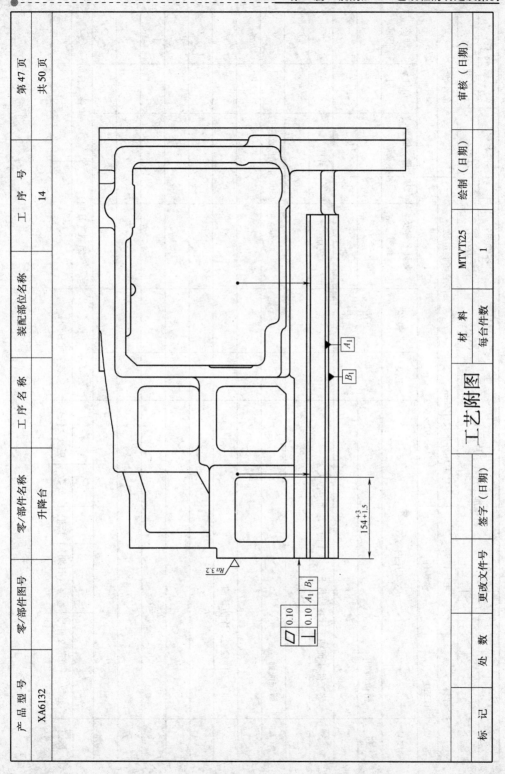

工艺附图

		材 料	绘制（日期）	审核（日期）
		MTVT25		
		每台件数		
		1		

标 记	处 数	更改文件号	签字（日期）

机械加工过程卡片		产品型号	XA6132	零件图号	16021	零件名称	升降台	第 48 页
毛坯种类	铸件	毛坯外形尺寸/mm	834×491×652	每件毛坯制造数	1	每台件数	1	共 50 页

序号	工序内容	工段	设备	夹具名称及编号	刀、量、辅具名称及编号	单件工时	准终工时
14	精铣前面		专用铣床	铣胎	φ300 粗精面铣刀		
	将工件 A 面朝下放在胎具上，以 A 面、B 面定位夹紧						
	精铣前面						
	卸下工件检验，涂防锈油				吊具		

材料　HT250

			编制（日期）	审核（日期）
标记	处数	更改文件号	签字（日期）	
标记	处数	更改文件号	签字（日期）	

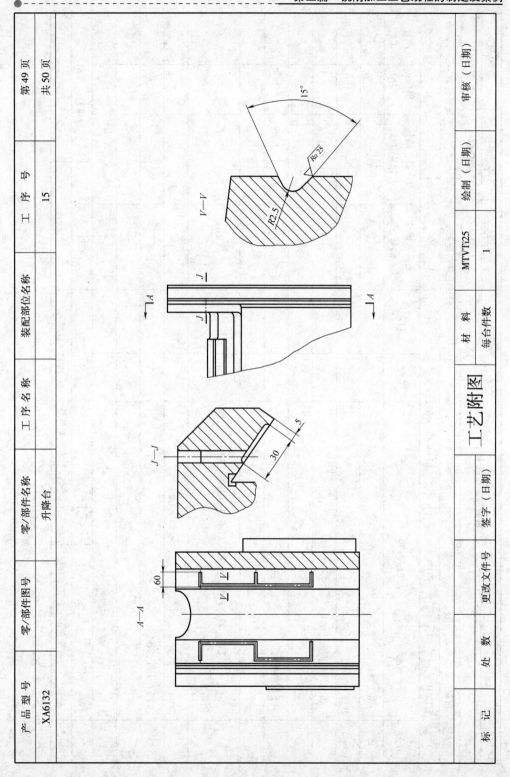

产品型号	零/部件图号	零/部件名称	工序名称	装配部位名称	工序号		第 49 页
XA6132		升降台			15		共 50 页
			工艺附图		材料	MTVTt25	绘制（日期）	审核（日期）
					每台件数	1	
标　记	处　数	更改文件号	签字（日期）				

机械加工过程卡片

材料	毛坯种类	毛坯外形尺寸/mm	产品型号	零件图号	零件名称	第 50 页
HT250	铸件	834×491×652	XA6132	16021	升降台	共 50 页
			每件毛坯制造数	每台件数	
			1	1	

序号	工序内容	工段	设备	夹具名称及编号	刀、量、辅具名称及编号	单件工时	准终工时
15	钳工修整、交库						
	将工件后面向上放好				吊具		
	手剧油槽						
	倒角、去飞边、修整外观、到装配后不再加工的已加工面，涂防锈油						
	卸下工件，检验						

			编制（日期）	审核（日期）
标记	处数	更改文件号	签字（日期）	
标记	处数	更改文件号	签字（日期）	

铣工国家职业技能标准（2009 年修订）

1. 职业概况

1.1 职业名称
铣工。

1.2 职业定义
操作铣床、进行工件铣削加工的人员。

1.3 职业等级
本职业共设五个等级，分别为：初级（国家职业资格五级）、中级（国家职业资格四级）、高级（国家职业资格三级）、技师（国家职业资格二级）、高级技师（国家职业资格一级）。

1.4 职业环境
室内、常温。

1.5 职业能力特征
具有一定的学习能力和较强的计算能力，具有一定的空间感和形体知觉，手指、手臂灵活，动作协调。

1.6 基本文化程度
初中毕业。

1.7 培训要求

1.7.1 培训期限

全日制职业学校教育，根据其培养目标和教学计划确定。晋级培训期限：初级不少于 500 标准学时；中级不少于 400 标准学时；高级不少于 300 标准学时；技师不少于 300 标准学时；高级技师不少于 200 标准学时。

1.7.2 培训教师

培训初级、中级、高级的教师应具有本职业技师及以上职业资格证书或相关专业中级及以上专业技术职务任职资格；培训技师的教师应具有本职业高级技师职业资格证书或相关专业高级专业技术职务任职资格；培训高级技师的教师应具有本职业高级技师职业资格证书2年以上或相关专业高级专业技术职务任职资格。

1.7.3　培训场地设备

满足教学需要的标准教室和具有相应机床设备及必要的刀具、工具、夹具、量具及机床辅助设备的场地。

1.8　鉴定要求

1.8.1　适用对象

从事或准备从事本职业的人员。

1.8.2　申报条件

——初级（具备以下条件之一者）

（1）经本职业初级正规培训达规定标准学时数，并取得结业证书。

（2）在本职业连续见习工作2年以上。

（3）本职业学徒期满。

——中级（具备以下条件之一者）

（1）取得本职业初级职业资格证书后，连续从事本职业工作3年以上，经本职业中级正规培训达规定标准学时数，并取得结业证书。

（2）取得本职业初级职业资格证书后，连续从事本职业工作5年以上。

（3）连续从事本职业工作7年以上。

（4）取得经人力资源和社会保障行政部门审核认定的、以中级技能为培养目标的中等以上职业学校本职业（专业）毕业证书。

——高级（具备以下条件之一者）

（1）取得本职业中级职业资格证书后，连续从事本职业工作4年以上，经本职业高级正规培训达规定标准学时数，并取得结业证书。

（2）取得本职业中级职业资格证书后，连续从事本职业工作6年以上。

（3）取得高级技工学校或经人力资源和社会保障行政部门审核认定的、以高级技能为培养目标的高等职业学校本职业（专业）毕业证书。

（4）取得本职业中级职业资格证书的大专以上本专业或相关专业毕业生，连续从事本职业工作2年以上。

——技师（具备以下条件之一者）

（1）取得本职业高级职业资格证书后，连续从事本职业工作5年以上，经本职业技师正规培训达规定标准学时数，并取得毕结业证书。

（2）取得本职业高级职业资格证书后，连续从事本职业工作7年以上。

（3）取得本职业高级职业资格证书的高级技工学校本职业（专业）毕业生和大专以上本专业或相关专业的毕业生，连续从事本职业工作2年以上。

——高级技师（具备以下条件之一者）

（1）取得本职业技师职业资格证书后，连续从事本职业工作3年以上，经本职业高级技师正规培训达规定标准学时数，并取得毕结业证书。

（2）取得本职业技师职业资格证书后，连续从事本职业工作 5 年以上。

1.8.3　鉴定方式

分为理论知识考试和技能操作考核。理论知识考试采用闭卷笔试等方式，技能操作考核采用现场实际操作方式。理论知识考试和技能操作考核均实行百分制，成绩皆达 60 分以上者为合格。技师、高级技师还须进行综合评审。

1.8.4　考评人员与考生配比

理论知识考试考评人员与考生配比为 1∶15，每个标准教室不少于 2 名考评人员；技能操作考核考评员与考生配比为 1∶5，且不少于 3 名考评员；综合评审委员不少于 5 人。

1.8.5　鉴定时间

理论知识考试时间不少于 120min；技能操作考核时间：初级不少于 240min，中级不少于 300min，高级不少于 360min，技师不少于 420min，高级技师不少于 240min；综合评审时间不少于 45min。

1.8.6　鉴定场所设备

理论知识考试在标准教室进行；技能操作考核在具有必要的齿轮加工机床、刀具、工具、夹具、量具、量仪及机床附件的场所进行。

2. 基本要求

2.1　职业道德

2.1.1　职业道德基本知识

2.1.2　职业守则

（1）遵守法律、法规和有关规定。

（2）爱岗敬业，忠于职守，具有高度的责任心。

（3）严格执行工作程序、工作规范、工艺文件和安全操作规程。

（4）工作认真负责，团结合作。

（5）爱护设备及工具、夹具、刀具、量具。

（6）着装整洁，符合规定；保持工作环境清洁有序，文明生产。

2.2　基础知识

2.2.1　基础理论知识

（1）识图知识。

（2）公差与配合。

（3）常用金属材料及热处理知识。

（4）常用非金属材料。

2.2.2　机械加工基础知识

（1）机械传动知识。

（2）机械加工常用设备知识。

（3）金属切削常用刀具知识。

（4）典型零件（主轴、箱体、齿轮等）的加工工艺。

（5）设备润滑及切削液的使用知识。

（6）气动及液压知识。

（7）工具、夹具、量具使用与维护知识。

2.2.3　钳工基础知识

（1）划线知识。

（2）钳工操作知识（錾、锉、锯、钻、铰孔、攻螺纹、套螺纹）。

2.2.4　电工知识

（1）通用设备、常用电器的种类及用途。

（2）电力拖动及控制原理基础知识。

（3）安全用电知识。

2.2.5　安全文明生产与环境保护知识

（1）现场文明生产要求。

（2）安全操作与劳动保护知识。

（3）环境保护知识。

2.2.6　质量管理知识

（1）质量管理的性质与特点。

（2）质量管理的基本方法。

2.2.7　相关法律、法规知识

（1）《中华人民共和国劳动法》相关知识。

（2）《中华人民共和国劳动合同法》相关知识。

3. 工作要求

本标准对初级、中级、高级、技师和高级技师的技能要求依次递进，高级别涵盖低级别的要求。

3.1　初级

职业功能	工作内容	技能要求	相关知识
一、平面和连接面的加工	（一）铣削矩形工件	1. 能使用铣床通用夹具装夹工件 2. 能铣削矩形工件、连接面，并达到以下要求： （1）尺寸公差等级：IT9 （2）垂直度和平行度：7级 （3）表面粗糙度：$Ra = 3.2\,\mu m$	1. 铣床通用夹具的种类、结构和使用知识 2. 工件定位和装夹知识 3. 铣削用量及选择方法 4. 铣削切削液的选择方法 5. 常用铣刀及安装知识 6. 常用量具的结构和使用方法 7. 铣床日常维护和保养知识 8. 典型铣床的种类、结构

（续）

职业功能	工作内容	技能要求	相关知识
一、平面和连接面的加工	（二）铣削斜面	1. 能使用面铣刀铣削斜面 2. 能使用立铣刀的圆柱面刀刃铣削斜面 3. 能使用角度铣刀铣削斜面 4. 能使铣削的斜面达到以下要求： （1）尺寸公差等级：IT12 （2）倾斜度公差：±15′/100	1. 顺铣和逆铣的原理及应用原则 2. 斜面铣削的装夹原理
二、台阶、直角沟槽和键槽的加工及切断	（一）铣削台阶	1. 能使用立铣刀铣削台阶 2. 能使用三面刃铣刀铣削台阶 3. 能使铣削的台阶达到以下要求： （1）尺寸公差等级：IT9 （2）平行度：7级，对称度：9级 （3）表面粗糙度：$Ra=3.2\mu m$ （4）能校正万能铣床工作台"零位" （5）能校正立式铣床立铣头"零位"	1. 夹具的安装及校正方法 2. 铣削台阶的刀具选择方法
	（二）铣削直角沟槽	1. 能使用立铣刀铣削直角沟槽及直角斜槽 2. 能使用三面刃铣刀铣削直角沟槽 3. 能使铣削的沟槽达到以下要求： （1）尺寸公差等级：IT9 （2）平行度：7级，对称度：9级 （3）表面粗糙度：$Ra=3.2\mu m$	铣削直角沟槽的刀具选择方法
	（三）铣削键槽	1. 能使用立铣刀铣削通键槽、半封闭键槽和封闭键槽 2. 能使用三面刃铣刀铣削通键槽、半封闭键槽 3. 能使用键槽铣刀铣削通键槽、半封闭键槽和封闭键槽 4. 能使用半圆键槽铣刀铣削半圆键槽 5. 能使铣削的键槽达到以下要求： （1）尺寸公差等级：IT9 （2）平行度：9级，对称度：9级 （3）表面粗糙度：$Ra=3.2\mu m$	1. 铣削键槽的对刀方法 2. 铣削半圆键槽的测量知识

（续）

职业功能	工作内容	技 能 要 求	相 关 知 识
二、台阶、直角沟槽和键槽的加工及切断	（四）工件的切断加工	1. 能使用锯片铣刀切断工件 2. 能使用锯片铣刀铣削窄槽 3. 能使切断的工件和窄槽达到以下要求： （1）尺寸公差等级：IT9 （2）平行度：9 级，对称度：9 级 （3）表面粗糙度：$Ra = 6.3\mu m$	1. 锯片铣刀切断工件的方法 2. 防止铣刀折断的措施和方法
	（五）铣削特形沟槽	1. 能使用立铣刀、角度铣刀、三面刃铣刀铣削 V 形槽 2. 能使用 T 形槽铣刀铣削 T 形槽 3. 能使用燕尾槽铣刀铣削燕尾槽、块 4. 能使用角度铣刀铣削燕尾槽、块 5. 能使铣削的特形沟槽达到以下要求： （1）尺寸公差等级：IT11 （2）平行度：9 级，对称度：9 级 （3）表面粗糙度：$Ra = 3.2\mu m$	1. V 形槽的铣削方法及计算知识 2. T 形槽的铣削方法及注意事项 3. 燕尾槽、块的铣削方法及计算知识
三、分度头加工工件	（一）铣削花键轴	1. 能使用单刀在分度头上粗铣外花键 2. 能使用成形铣刀在分度头上粗铣外花键 3. 能使铣削的外花键达到以下要求： （1）键宽尺寸公差等级：IT10，小径公差等级：IT12 （2）平行度：8 级，对称度：9 级 （3）表面粗糙度：$Ra = 6.3 \sim 3.2\mu m$	1. 万能分度头的维护、保养方法 2. 万能分度头及其附件装夹工件的方法 3. 简单分度法 4. 工件的安装和校正方法 5. 铣削外花键的知识

（续）

职业功能	工作内容	技能要求	相关知识
三、分度头加工工件	（二）铣削角度面	1. 能使用立铣刀在分度头上加工正四方、正六方 2. 能使用立铣刀在分度头上加工两条对称键槽，并达到以下要求： （1）尺寸公差等级：IT9 （2）对称度：8 级 3）表面粗糙度：$Ra = 6.3 \sim 3.2\mu m$	角度分度法
	（三）刻线加工	1. 能使用刻线刀在圆柱面上进行刻线加工 2. 能使用刻线刀在圆锥面上进行刻线加工 3. 能使用刻线刀在平面上进行刻线加工 4. 能使刻线精度达到以下要求： （1）尺寸公差等级：IT9 （2）对称度：8 级 （3）倾斜度公差：$\pm 5'/100$	1. 主轴交换齿轮法 2. 侧轴交换齿轮法 3. 刻线用刀具的装夹及刃磨要求

3.2　中级

职业功能	工作内容	技能要求	相关知识
一、平面和连接面的加工	（一）铣削矩形工件	1. 能将圆棒料铣削成矩形工件 2. 能铣削矩形工件、连接面，并达到以下要求： （1）尺寸公差等级：IT7 （2）平面度：7 级 （3）垂直度和平行度：6 级、5 级 （4）表面粗糙度：$Ra = 1.6\mu m$	1. 铣刀几何参数的意义及其作用 2. 铣刀切削部分材料的种类、代号（牌号）、性能和用途 3. 铣床的调整及常见故障的排除知识 4. 提高平面铣削精度的知识
	（二）铣削斜面	1. 能使用常用铣刀铣削斜面 2. 能使用角度铣刀铣削斜面 3. 能使铣削的斜面达到以下要求： （1）尺寸公差等级：IT10 （2）倾斜度公差：$\pm 10'/100$	1. 正弦规的使用原理 2. 提高斜面铣削精度的措施

职业功能	工作内容	技能要求	相关知识
二、台阶、直角沟槽和键槽的加工及切断	（一）铣削台阶	1. 能使用常用铣刀铣削台阶 2. 能使用组合铣刀铣削台阶 3. 能使铣削的台阶达到以下要求： （1）尺寸公差等级：IT8 （2）表面粗糙度：$Ra=3.2 \sim 1.6\mu m$ （3）平行度：9 级，对称度：9 级	1. 提高台阶铣削精度的措施 2. 组合铣刀的调整方法 3. 工件的定位原理 4. 典型专用夹具的基本结构和原理
	（二）铣削直角沟槽	1. 能使用立铣刀、三面刃铣刀铣削直角沟槽及直角斜槽 2. 能使用硬质合金立铣刀铣削直角沟槽及直角斜槽 3. 能使铣削的沟槽达到以下要求： （1）尺寸公差等级：IT8 （2）表面粗糙度：$Ra=3.2 \sim 1.6\mu m$ （3）平行度：9 级，对称度：9 级	1. 提高沟槽铣削精度的措施 2. 尺寸链计算 3. 铣削沟槽易产生的缺陷及纠正措施
	（三）铣削键槽	1. 能使用立铣刀、三面刃铣刀铣削通键槽、半封闭键槽和封闭键槽 2. 能使用键槽铣刀、半圆键槽铣刀铣削键槽 3. 能使铣削的键槽达到以下要求： （1）尺寸公差等级：IT8 （2）表面粗糙度：$Ra=3.2 \sim 1.6\mu m$ （3）平行度：8 级，对称度：8 级	1. 提高键槽铣削精度的措施 2. 铣削键槽易产生的缺陷及纠正措施 3. 键槽铣刀的刃磨方法

（续）

职业功能	工作内容	技能要求	相关知识
二、台阶、直角沟槽和键槽的加工及切断	（四）工件的切断加工	1. 能使用锯片铣刀切断工件，并达到以下要求： （1）尺寸公差等级：IT8 （2）表面粗糙度：$Ra = 6.3 \sim 3.2\mu m$ （3）平行度：8 级，对称度：8 级 2. 能使用锯片铣刀铣削窄槽，并达到以下要求： （1）尺寸公差等级：IT8 （2）表面粗糙度：$Ra = 6.3 \sim 3.2\mu m$ （3）平行度：8 级，对称度：8 级	1. 提高工件切断和窄槽铣削精度的措施 2. 防止工件变形的装夹措施
	（五）铣削特形沟槽	1. 能使用立铣刀、角度铣刀、三面刃铣刀铣削 V 形槽 2. 能使用燕尾槽铣刀、角度铣刀铣削燕尾槽、块，并达到以下要求： （1）尺寸公差等级：IT8 （2）表面粗糙度：$Ra = 3.2 \sim 1.6\mu m$	1. 提高 V 形槽铣削精度的措施 2. 提高 T 形槽铣削精度的措施 3. 提高燕尾槽、块铣削精度的措施
三、分度头加工工件	（一）铣削花键轴	1. 能使用花键铣刀半精铣、精铣花键，并达到以下要求： （1）键宽尺寸公差等级：IT9 （2）不等分累积误差不大于 0.04mm（$D = 50 \sim 80mm$） （3）平行度：8 级，对称度：8 级 2. 能使用组合铣刀在分度头上铣削花键，达到以下要求： （1）键宽尺寸公差等级：IT10 （2）不等分累积误差不大于 0.08mm（$D = 50 \sim 80mm$） （3）平行度：8 级，对称度：8 级	1. 花键轴的技术标准 2. 提高花键轴铣削精度的措施 3. 花键轴的检验知识

（续）

职 业 功 能	工 作 内 容	技 能 要 求	相 关 知 识
三、分度头加工工件	（二）铣削角度面	1. 能加工非对称角度面，并达到以下要求： （1）尺寸公差等级：IT9 （2）倾斜度公差：±10′/100 2. 能加工对称角度面，并达到以下要求： （1）尺寸公差等级：IT8 （2）倾斜度公差：±10′/100	提高角度面铣削精度的措施
	（三）刻线加工	1. 能使用刻线刀在圆柱面上进行刻线加工，并达到以下要求： （1）尺寸公差等级：IT8 （2）对称度：8 级 （3）倾斜度公差：±3′/100 2. 能使用刻线刀在圆锥面上进行刻线加工，并达到以下要求： （1）尺寸公差等级：IT8 （2）对称度：8 级 （3）角度公差：±3′ 3. 能使用刻线刀在平面上进行刻线加工，并达到以下要求： （1）尺寸公差等级：IT8 （2）对称度：8 级 （3）角度公差：±3′	提高刻线精度的措施
四、孔加工	（一）钻孔	1. 能按照划线进行钻孔加工，并达到以下要求： （1）尺寸公差等级：IT9 （2）表面粗糙度：$Ra = 6.3\mu m$ 2. 能进行扩孔加工，并达到以下要求： （1）尺寸公差等级：IT9 （2）表面粗糙度：$Ra = 3.2\mu m$	1. 标准麻花钻的结构和刃磨要求 2. 钻孔、扩孔的铣削用量及钻头直径的选择方法
	（二）铰孔	1. 能使用手用铰刀对已加工的孔进行铰削加工，并达到以下要求： （1）尺寸公差等级：IT8 （2）表面粗糙度：$Ra = 1.6\mu m$ 2. 能使用机用铰刀对已加工的孔进行铰削加工，并达到以下要求： （1）尺寸公差等级：IT8 （2）表面粗糙度：$Ra = 1.6\mu m$	1. 铰刀的种类、结构和使用方法 2. 铰削余量的确定和铰孔切削用量的知识 3. 切削液的选用知识

（续）

职业功能	工作内容	技能要求	相关知识
四、孔加工	（三）镗孔	1. 能镗削轴线平行（两孔或多孔在同一直线）的孔系，并达到以下要求： （1）尺寸公差等级：IT8 （2）表面粗糙度：$Ra = 3.2 \sim 1.6\mu m$ （3）位置度：8 级 2. 能镗削轴线平行（两孔或多孔不在同一直线）的孔系，并达到以下要求： （1）尺寸公差等级：IT8 （2）表面粗糙度：$Ra = 3.2 \sim 1.6\mu m$ （3）位置度：8 级	1. 镗刀的调整、刃磨的方法 2. 孔距的控制方法 3. 镗削余量的确定和镗孔切削用量的知识
五、牙嵌式离合器的加工	（一）矩形齿离合器的铣削	1. 能使用立铣刀或三面刃铣刀铣削奇数齿离合器，并达到以下要求： （1）等分误差 ≤ ±10′ （2）齿侧表面粗糙度：$Ra = 3.2\mu m$ 2. 能使用立铣刀或三面刃铣刀铣削偶数齿离合器，并达到以下要求： （1）等分误差 ≤ ±10′ （2）齿侧表面粗糙度：$Ra = 3.2\mu m$	1. 铣削奇数齿矩形离合器的要点 2. 铣削偶数齿矩形离合器的要点 3. 铣削齿侧间隙的要点
	（二）梯形齿离合器的铣削	1. 能铣削梯形收缩齿离合器 2. 能铣削梯形等高齿离合器 3. 能使加工的梯形齿离合器达到以下要求： （1）等分误差 ≤ ±10′ （2）齿侧表面粗糙度：$Ra = 3.2\mu m$	1. 铣削梯形收缩齿离合器的要点 2. 铣削梯形等高齿离合器的要点
	（三）尖形齿离合器的铣削	1. 能铣削尖形齿离合器，并达到以下要求： （1）等分误差 ≤ ±10′ （2）齿侧表面粗糙度：$Ra = 1.6\mu m$ 2. 能铣削锯形齿离合器，并达到以下要求： （1）等分误差 ≤ ±10′ （2）齿侧表面粗糙度：$Ra = 3.2\mu m$	1. 铣削尖形齿离合器的要点 2. 铣削锯形齿离合器的要点

职 业 功 能	工 作 内 容	技 能 要 求	相 关 知 识
六、齿轮加工	（一）圆柱齿轮的铣削	1. 能铣削直齿圆柱齿轮，并达到以下要求：精度等级为10FJ 2. 能铣削斜齿圆柱齿轮，并达到以下要求：精度等级为10FJ	直齿、斜齿圆柱齿轮的知识
	（二）齿条的铣削	1. 能铣削直齿齿条 2. 能铣削斜齿齿条 3. 能使加工的齿条，并达到以下要求：精度等级为10FJ	直齿齿条、斜齿齿条的知识。
七、刀具的齿槽加工	（一）圆盘直齿刀具齿槽的铣削	1. 能使用单角铣刀铣削圆盘直齿刀具的齿槽 2. 能使用双角铣刀铣削圆盘直齿刀具的齿槽，并达到以下要求： （1）刀具前角加工误差≤2° （2）刀齿处棱边尺寸公差：IT15	铣削直齿刀具齿槽的知识
	（二）圆柱面直齿刀具齿糟的铣削	1. 能使用单角铣刀铣削圆柱面直齿刀具的齿槽，并达到以下要求： （1）刀具前角加工误差≤2° （2）刀齿处棱边尺寸公差：IT15 2. 能使用双角铣刀铣削圆柱面直齿刀具的齿槽，并达到以下要求： （1）刀具前角加工误差≤2° （2）刀齿处棱边尺寸公差：IT15	铣削直齿刀具齿槽的知识
八、螺旋面、槽和曲面的加工	（一）螺旋槽的加工	1. 能使用分度头铣削圆柱螺旋槽，并达到以下要求： （1）尺寸公差等级：IT9 （2）形状误差≤0.1mm 2. 能使用分度头铣削等速圆柱凸轮，并达到以下要求： （1）尺寸公差等级：IT9 （2）形状误差≤0.1mm	1. 铣削圆柱螺旋槽的知识 2. 铣削等速圆柱凸轮的知识

（续）

职业功能	工作内容	技能要求	相关知识
八、螺旋面、槽和曲面的加工	（二）曲面的加工	1. 能手动铣削曲面，并达到以下要求： （1）尺寸公差等级：IT12 （2）形状误差≤0.2mm 2. 能使用仿形法铣削曲面，并达到以下要求： （1）尺寸公差等级：IT10 （2）形状误差≤0.1mm 3. 能使用成形铣刀铣削成形曲面，并达到以下要求： （1）尺寸公差等级：IT9 （2）形状误差≤0.05mm	1. 仿形法铣削曲面的知识 2. 铣削成型面的知识

3.3 高级

职业功能	工作内容	技能要求	相关知识
一、平面和连接面的加工	（一）铣削连接面	1. 能铣削宽度比 $B/H \geqslant 10$ 的薄形工件的平面和连接面，并达到以下要求： （1）尺寸公差等级：IT7 （2）平面度、垂直度和平行度：8 级 （3）表面粗糙度：$Ra = 1.6\mu m$ 2. 能铣削各种难切削（不锈钢、纯铜、淬火钢、钛合金等）材料的平面和连接面，并达到以下要求： （1）尺寸公差等级：IT7 （2）平面度、垂直度和平行度：8 级 （3）表面粗糙度：$Ra = 1.6\mu m$	1. 薄形工件的铣削知识 2. 难切削材料的铣削知识
	（二）铣削斜面	1. 能使用垫铁和可倾虎钳铣削复合斜面 2. 能利用转动立铣头和机用虎钳铣削复合斜面 3. 能利用斜垫铁和带回转盘的机用虎钳铣削复合斜面 4. 能把复合斜面转换成单斜面并进行铣削加工，并达到以下要求： （1）尺寸公差等级：IT10 （2）表面粗糙度：$Ra = 3.2 \sim 1.6\mu m$	1. 复合斜面的铣削知识 2. 组合夹具的种类、结构和特点，调整及组装方法

（续）

职业功能	工作内容	技能要求	相关知识
二、台阶、直角沟槽和键槽的加工及切断	（一）铣削台阶	1. 能使用常用铣刀铣削台阶 2. 能使用组合铣刀铣削台阶 3. 能使铣削的台阶达到以下要求 （1）尺寸公差等级：IT7 （2）对称度：7级 （3）表面粗糙度：$Ra = 3.2 \sim 1.6\mu m$	夹具的定位原理以及定位误差分析和计算方法
	（二）铣削直角沟槽	1. 能铣削等分圆弧槽 2. 能铣削大半径弧形沟槽，并达到以下要求： （1）尺寸公差等级：IT7 （2）对称度：7级 （3）表面粗糙度：$Ra = 3.2 \sim 1.6\mu m$	1. 铣削等分圆弧槽的知识 2. 铣削大半径弧形沟槽的知识 3. 沟槽的测量知识
	（三）铣削键槽	1. 能使用立铣刀、三面刃铣刀铣削通键槽、半封闭键槽和封闭键槽 2. 能使用键槽铣刀、半圆键槽铣刀铣削半圆键槽，并达到以下要求： （1）尺寸公差等级：IT7 （2）对称度：7级	键槽的测量知识
	（四）铣削特形沟槽	1. 能使用立铣刀、角度铣刀、三面刃铣刀铣削V形槽 2. 能使用燕尾槽铣刀、角度铣刀铣削燕尾槽、块，并达到以下要求： （1）尺寸公差等级：IT7 （2）对称度：7级 （3）表面粗糙度：$Ra = 3.2 \sim 1.6\mu m$	特形沟槽的测量知识

（续）

职业功能	工作内容	技能要求	相关知识
三、分度头加工工件	（一）铣削角度面	1. 能校对分度头上母线、侧母线 2. 能使用差动分度法铣削角度面，并达到以下要求： （1）尺寸公差等级：IT9 （2）倾斜度公差：±10′/100	1. 差动分度法 2. 光学分度头的结构和使用方法
	（二）刻线加工	1. 能使用刻线刀在圆柱面上进行刻线加工，并达到以下要求： （1）尺寸公差等级：IT7 （2）对称度：8 级 （3）角度公差：±3′ 2. 能使用刻线刀在圆锥面上进行刻线加工，并达到以下要求： （1）尺寸公差等级：IT7 （2）对称度：8 级 （3）角度公差：±3′ 3. 能使用刻线刀在平面上进行刻线加工，并达到以下要求： （1）尺寸公差等级：IT7 （2）对称度：8 级 （3）角度公差：±3′	
四、孔加工	（一）镗削坐标孔系	1. 能镗削直角坐标平行孔系，能够使镗削孔及孔距精度达到以下要求： （1）尺寸公差等级：IT7 （2）孔距公差等级：IT8 2. 能镗削极坐标平行孔系，使镗削孔及孔距精度达到以下要求： （1）尺寸公差等级：IT7 （2）孔距公差等级：IT8	1. 平行孔系的镗削知识 2. 圆转台的使用方法 3. 台阶孔、盲孔的镗削知识
	（二）镗削台阶孔、盲孔	1. 能镗削台阶孔，并达到以下要求： （1）尺寸公差等级：IT8 （2）孔距公差等级：IT8 2. 能镗削盲孔，并达到以下要求： （1）尺寸公差等级：IT8 （2）孔距公差等级：IT8	

职业功能	工作内容	技 能 要 求	相 关 知 识
五、齿轮加工	（一）圆柱齿轮的铣削	1. 能铣削直齿圆柱齿轮 2. 能铣削斜齿圆柱齿轮 3. 能使加工的圆柱齿轮，并达到以下要求：精度等级为8FJ	直齿、斜齿圆柱齿轮的检测知识
	（二）齿条的铣削	1. 能铣削大模数（$m \geq 16mm$）直齿齿条 2. 能铣削大模数斜齿齿条 3. 能使加工的齿条，并达到以下要求：精度等级为8FJ	大模数直齿、斜齿齿条的铣削知识
	（三）锥齿轮的铣削	1. 能铣削直齿锥齿轮 2. 能铣削大质数直齿锥齿轮，并达到以下要求：精度等级为8FJ	1. 铣削直齿锥齿轮知识 2. 铣削大质数直齿锥齿轮知识
六、牙嵌式离合器的加工	（一）矩形齿离合器的铣削	1. 能使用立铣刀或三面刃铣刀铣削奇数齿离合器，并达到以下要求： （1）等分误差：$\pm 3'$ （2）齿侧表面粗糙度：$Ra = 3.2 \sim 1.6 \mu m$ 2. 能使用立铣刀或三面刃铣刀铣削偶数齿离合器，并达到以下要求： （1）等分误差：$\pm 3'$ （2）齿侧表面粗糙度：$Ra = 3.2 \sim 1.6 \mu m$	高精度的矩形齿离合器知识
	（二）梯形齿离合器的铣削	1. 能铣削梯形收缩齿离合器 2. 能铣削梯形等高齿离合器 3. 能使加工的梯形齿离合器，并达到以下要求： （1）等分误差：$\pm 3'$ （2）齿侧表面粗糙度：$Ra = 3.2 \sim 1.6 \mu m$	高精度的梯形齿离合器知识
	（三）尖形齿离合器的铣削	1. 能铣削尖形齿离合器，并达到以下要求： （1）等分误差：$\leq \pm 3'$ （2）齿侧表面粗糙度：$Ra = 3.2 \sim 1.6 \mu m$ 2. 能铣削锯形齿离合器，并达到以下要求： （1）等分误差：$\leq \pm 3'$ （2）齿侧表面粗糙度：$Ra = 3.2 \sim 1.6 \mu m$	高精度的尖形齿离合器知识

（续）

职业功能	工作内容	技能要求	相关知识
六、牙嵌式离合器的加工	（四）螺旋齿离合器的铣削	能铣削导程 $Ph \leq 17mm$ 的螺旋齿离合器，并达到以下要求： （1）等分误差：±3′ （2）齿侧表面粗糙度：$Ra = 3.2 \sim 1.6\mu m$	1. 螺旋齿离合器的铣削知识 2. 小导程螺旋面的铣削知识
七、螺旋面、槽盒曲面的加工	（一）螺旋槽的加工	1. 能使用分度头铣削圆柱螺旋槽 2. 能使用圆转台铣削平面螺旋面 3. 能使加工的螺旋槽、平面螺旋面，并达到以下要求： （1）尺寸公差等级：IT8 （2）形状误差≤0.1mm	1. 铣削圆柱螺旋槽知识 2. 铣削平面螺旋面知识
	（二）凸轮的加工	1. 能铣削等速圆柱凸轮 2. 能铣削等速圆盘凸轮 3. 能铣削非等速凸轮 4. 能使加工的等速圆柱凸轮，并达到以下要求： （1）尺寸公差等级：IT8 （2）形状误差≤0.1mm	1. 铣削等速圆盘凸轮知识 2. 铣削非等速凸轮知识
八、球面的加工	（一）外球面的加工	1. 能铣削带柄球面（单柄、双柄） 2. 能铣削球台状球面 3. 能使加工的球面，并达到以下要求： （1）尺寸公差等级：IT9 （2）形状误差≤0.1mm	1. 球面的性质和展成原理 2. 外球面加工知识 3. 内球面加工知识
	（二）内球面的加工	1. 能使用立铣刀铣削内球面 2. 能使用镗刀铣削内球面，并达到以下要求： （1）尺寸公差等级：IT9 （2）形状误差≤0.1mm	
九、刀具的齿槽加工	（一）直齿刀具齿槽的铣削	1. 能铣削错齿三面刃铣刀的齿槽 2. 能铣削圆柱铰刀的齿槽 3. 能铣削角度铣刀的齿槽 4. 能够使加工的刀具齿槽达到以下要求： （1）刀具前角加工误差≤2° （2）刀齿处棱边尺寸公差：IT15	铣削错齿刀具齿槽知识

（续）

职业功能	工作内容	技能要求	相关知识
九、刀具的齿槽加工	（二）螺旋齿刀具齿槽的铣削	1. 能铣削立铣刀的螺旋齿齿槽 2. 能铣削等前角、等螺旋角刀具的螺旋齿齿槽 3. 能式加工的刀具齿槽，并达到以下要求： （1）刀具前角加工误差≤2° （2）刀齿处棱边尺寸公差等级：IT15	铣削螺旋齿刀具齿槽的知识
十、复杂工件的加工	（一）模具型腔、型面的加工	1. 能铣削模具型腔，并达到以下要求： （1）尺寸公差等级：IT8 （2）几何公差等级：8级 （3）表面粗糙度：$Ra = 6.3 \sim 3.2\mu m$ 2. 能铣削模具型面： （1）尺寸公差等级：IT8 （2）几何公差等级：7级 （3）表面粗糙度：$Ra = 3.2\mu m$	1. 铣削模具型腔、型面的知识 2. 铣削模具型腔、型面的铣刀刃磨知识
	（二）组合体的加工	1. 能加工带有台阶、沟槽、T形槽、燕尾槽等的三件以上组合体工件，装配后达到以下要求： （1）尺寸精度：IT8 （2）平行度、对称度：8级 2. 能加工带有台阶、沟槽、T形槽燕尾槽圆弧、孔、角度等的3件以上组合体工件，装配后达到以下要求： （1）尺寸精度：IT8 （2）平行度、对称度：8级	组合体零件的加工要点
十一、铣床精度检验	（一）几何精度检验	1. 能检验主轴锥孔轴线的径向圆跳动 2. 能检验主轴的轴向窜动 3. 能检验主轴轴肩支撑面的端面圆跳动 4. 能检验主轴定心轴颈的径向圆跳动 5. 能检验主轴旋转轴线对工作台横向移动的平行度	1. 铣床的验收和几何精度检验的标准 2. 铣床常见故障的原因分析和一般故障的排除方法 3. 铣床工作精度检验的标准

（续）

职业功能	工作内容	技 能 要 求	相 关 知 识
十一、铣床精度检验	（一）几何精度检验	6. 能检验主轴旋转轴线对工作台中央基准 T 形槽的垂直度 7. 能检验悬梁导轨对主轴旋转轴线的平行度 8. 能检验主轴旋转轴线对工作台面的平行度 9. 能检验刀杆支架孔轴线对主轴旋转轴线的重合度 10. 能检验主轴旋转轴线对工作台面的垂直度 11. 能检验工作台精度	1. 铣床的验收和几何精度检验的标准 2. 铣床常见故障的原因分析和一般故障的排除方法 3. 铣床工作精度检验的标准
	（二）工作精度检验	能通过对试件的铣削，完成机床在工作状态下的综合性检验	
十二、培训指导	（一）理论知识培训指导	1. 能进行初级铣工理论知识培训 2. 能进行中级铣工理论知识培训	1. 理论知识的教授方法 2. 技能操作的教授方法
	（二）技能操作培训指导	1. 能进行初级铣工技能操作培训 2. 能进行中级铣工技能操作培训	

3.4　技师

职业功能	工作内容	技 能 要 求	相 关 知 识
一、复杂工件的加工	（一）数控加工	1. 能编制简单数控程序 2. 能运用 CAD/CAM 软件二维编程	1. 数控机床知识 2. 各种编程指令代码知识 3. CAD/CAM 软件应用知识
	（二）复杂面的加工	1. 能使用数控铣床加工复杂面 2. 能使用普通铣床铣削发动机盖、泵体等复杂面	复杂工件的加工知识
	（三）箱体、连杆等复杂工件的加工	1. 能镗削飞行孔系，达到图样精度、技术要求 2. 能使用普通铣床对箱体、连杆等复杂工件进行加工，并达到图样精度、技术要求 3. 能完成数控铣床上对二维复杂零件的加工	1. 非平行孔系的镗削方法 2. 镗削、刨削和磨削加工的基本知识
二、加工工艺制定	（一）识图与绘图	1. 能根据实物绘制零件图 2. 能识读装配图 3. 能运用 CAD 的二维绘图功能绘制简单零件图和装配图	1. 零件的测绘方法 2. 装配图的画法

职业功能	工作内容	技能要求	相关知识
二、加工工艺制定	（二）制定加工工艺	1. 能编制典型零件（箱体等）的加工工艺过程 2. 能对零件的加工工艺方案进行合理性分析，并提出改进意见 3. 能编写其他相关工种的加工顺序	典型零件的加工工艺
	（三）工件定位与夹紧	1. 能设计、制作简单的铣床专用夹具 2. 能指导初级、中级、高级铣工正确使用铣床夹具 3. 能分析并排除普通铣床夹具常见的机械、气动、液压故障	夹具的设计和制造知识
	（四）专用刀具的设计	1. 能设计专用铣刀 2. 能编制专用铣刀的加工工艺	1. 设计铰刀、钻头、单角度铣刀等专用刀具的知识 2. 提高铣刀寿命的知识
三、培训指导	（一）技能操作培训指导	1. 能指导初级铣工进行技能操作 2. 能指导中级铣工进行技能操作 3. 能指导高级铣工进行技能操作	培训教学基本方法
	（二）理论知识培训指导	能讲授本专业技术理论知识	
四、工件精度检验	（一）模具型腔、型面的检验	1. 能进行模具型面的检验 2. 能进行模具型腔的检验	模具型面、型腔的常用量具的使用方法
	（二）精密量具的使用	1. 能使用水平仪进行工件的检验 2. 能使用光学分度头等精密量具和量仪进行工件的检验	1. 精密量具和量仪的使用知识 2. 数字显示装置的构造和使用方法

3.5 高级技师

职业功能	工作内容	技能要求	相关知识
一、高难度高精度工件的加工	（一）工件加工	1. 能解决高难度工件加工中的技术问题 2. 能解决高精度工件加工中的技术问题	高难度、高精度工件铣削难点及解决方法

（续）

职业功能	工作内容	技能要求	相关知识
一、高难度高精度工件的加工	（二）工艺分析	1. 能分析高难度工件在铣削加工中的工艺问题 2. 能分析高精度工件在铣削加工中的工艺问题	高难度、高精度工件铣削难点及解决方法
二、数控技术	（一）数控程序编制	1. 能手工编制二维加工程序 2. 能运用 CAD/CAM 软件二维和三维加工程序	
	（二）输入程序	1. 能手工输入程序 2. 能进行程序的编辑与修改 3. 能运用 PC→CNC 和 DNC 功能	
	（三）对刀	1. 能进行找正对刀，建立工件坐标系 2. 能正确修正刀补值及刀具磨损值	1. 手工输入程序的方法 2. 程序的编辑与修改的方法 3. 程序的各种运行方法 4. 数控铣床的报警信息的内容及解除办法
	（四）试运行	1. 能使用程序试运行、单程序段运行的切削运行方式 2. 能使用自动运行的切削运行方式	
	（五）零件的加工	1. 能在数控铣床上加工外圆、台阶、沟槽 2. 能在数控铣床上进行孔系加工 3. 能铣削二维、简单三维型面	
	（六）排除故障	1. 能排除急停、编程错误、报警信息等故障 2. 能排除欠压、缺油、超程等故障	
三、加工工艺制定	（一）识图与绘图	1. 能运用 CAD 的二维绘图功能绘制复杂工装的装配图和零件图 2. 能识读各种铣床的原理图及装配图	1. 根据装配图测绘零件图的方法 2. 复杂工装图及单工序专用铣床装配图的画法
	（二）制定加工工艺	1. 能编制机床主轴箱箱体等复杂、精密零件的工艺规程 2. 能对零件的机械加工工艺方案进行合理性分析，提出改进意见，并参与实施 3. 能推广机械加工的先进工艺	1. 机械制造工艺的系统知识 2. 机械加工先进工艺和新工艺、新知识

269

职业功能	工作内容	技能要求	相关知识
三、加工工艺制定	（三）工件定位与夹紧	1. 能设计铣床用复杂夹具 2. 能对铣床用夹具进行误差分析 3. 能推广应用先进夹具	1. 铣床用复杂夹具的设计及使用知识 2. 铣床夹具的误差分析方法
	（四）专用刀具的设计	1. 能根据工件加工要求设计专用铣刀 2. 能根据设计的专用铣刀制定加工工艺	刀具设计和制造知识
四、培训指导	（一）技能操作培训指导	1. 能指导初级铣工进行技能操作 2. 能指导中级铣工进行技能操作 3. 能指导高级铣工进行技能操作 4. 能指导铣工技师进行技能操作	培训教学讲义编写
	（二）理论知识培训指导	1. 能对初级铣工进行理论知识培训 2. 能对中级铣工进行技术理论知识培训 3. 能对高级铣工进行技术理论知识培训 4. 能对铣工技师进行技术理论知识培训	

4. 比重表

4.1 理论知识

项　目		初级（%）	中级（%）	高级（%）	技师（%）	高级技师（%）
	职业道德	5	5	5	5	5
	基础知识	35	15	10	10	5
基本要求	平面和连接面的加工	20	10	5	—	—
	台阶、直角沟槽和键槽的加工及切断	20	10	5	—	—
	分度头加工工件	20	10	5	—	—
	孔加工	—	10	10		
	牙嵌式离合器的加工	—	10	5	—	—
	齿轮加工	—	10	5		

（续）

项 目		初级（%）	中级（%）	高级（%）	技师（%）	高级技师（%）
相关知识	刀具的齿槽加工	—	10	5	—	—
	螺旋面、槽和曲面的加工	—	10	10	—	—
	球面的加工	—	—	5	—	—
	复杂工件的加工	—	—	20	30	—
	培训指导	—	—	5	20	20
	铣床精度检验	—	—	5	—	—
	加工工艺制定	—	—	—	30	40
	工件精度检验	—	—	—	5	—
	高难度、高精度工件的加工	—	—	—	—	20
	数控技术	—	—	—	—	10
合计		100	100	100	100	100

4.2 技能操作

项 目		初级（%）	中级（%）	高级（%）	技师（%）	高级技师（%）
技能要求	平面和连接面的加工	20	5	5	—	—
	台阶、直角沟槽和键槽的加工及切断	50	25	10	—	—
	分度头加工工件	30	15	10	—	—
	孔加工	—	15	10	—	—
	牙嵌式离合器的加工	—	10	5	—	—
	齿轮加工	—	5	10	—	—
	刀具的齿槽加工	—	10	5	—	—
	螺旋面、槽和曲面的加工	—	15	10	—	—
	球面的加工	—	—	5	—	—
	复杂工件的加工	—	—	15	30	—
	培训指导	—	—	10	20	20
	铣床精度检验	—	—	5	—	—
	加工工艺制定	—	—	—	40	40
	工件精度检验	—	—	—	10	—
	高难度、高精度工件的加工	—	—	—	—	30
	数控技术	—	—	—	—	10
合计		100	100	100	100	100

参 考 文 献

[1] 贾凤桐. 简明铣工手册 [M]. 2 版. 北京：机械工业出版社，2011.

[2] 胡家富. 铣工（中级）[M]. 北京：机械工业出版社，2005.

[3] 程鸿思，赵军华. 普通铣削加工操作实训 [M]. 北京：机械工业出版社，2008.